中国轻工业"十四五"规划立项教材

高等院校程序设计系列教材

Python 程序设计教程
（第2版）

张传雷 李建荣 王辉 编著

清华大学出版社
北京

内 容 简 介

本书共分为14章。第1章为初识Python语言，第2章和第3章分别讲解数据类型和各种运算符的使用；第4章讲解选择和循环两种控制结构；第5章讲解函数的定义与使用；第6章讲解类和面向对象编程；第7章讲解字符串；第8章讲解正则表达式，这部分内容难度稍大；第9章讲解异常处理与代码调试；第10~13章分别讲解文件和文件夹、数据库应用、图形用户界面设计和Python语言的常用函数；第14章讲解数据分析与可视化。

本书立足于自学，在知识体系上尽量做到完备，采用的例子既简单又精炼，配套电子课件以及全部源代码资源。本书可以作为高等院校人工智能等相关专业的Python教材，也可以作为Python爱好者的参考用书。

本书封面贴有清华大学出版社防伪标签，无标签者不得销售。

版权所有，侵权必究。举报：010-62782989，beiqinquan@tup.tsinghua.edu.cn。

图书在版编目(CIP)数据

Python程序设计教程/张传雷，李建荣，王辉编著. —2版. —北京：清华大学出版社，2023.3(2024.9重印)
高等院校程序设计系列教材
ISBN 978-7-302-62614-5

Ⅰ.①P… Ⅱ.①张… ②李… ③王… Ⅲ.①软件工具－程序设计－高等学校－教材 Ⅳ.①TP311.561

中国国家版本馆CIP数据核字(2023)第022846号

责任编辑：袁勤勇
封面设计：何凤霞
责任校对：李建庄
责任印制：沈 露

出版发行：清华大学出版社
网　　址：https://www.tup.com.cn，https://www.wqxuetang.com
地　　址：北京清华大学学研大厦A座　　邮　编：100084
社 总 机：010-83470000　　邮　购：010-62786544
投稿与读者服务：010-62776969，c-service@tup.tsinghua.edu.cn
质量反馈：010-62772015，zhiliang@tup.tsinghua.edu.cn
课件下载：https://www.tup.com.cn，010-83470236

印 装 者：三河市少明印务有限公司
经　　销：全国新华书店
开　　本：185mm×260mm　　印　张：16.5　　字　数：390千字
版　　次：2021年1月第1版　2023年3月第2版　印　次：2024年9月第2次印刷
定　　价：49.80元

产品编号：097467-01

前 言

　　Python 语言诞生于 20 世纪 90 年代初,是世界上最流行的编程语言之一,也是数据分析、人工智能领域事实上的标准语言。2020 年和 2021 年,Python 连续两年被 TIOBE 官方评选为"年度编程语言"。本书第 1 版从出版到现在已有一年多,在这段时间内 Python 语言及其整个生态建设都取得了长足的进步。另外,本书在使用过程中陆续收到了一些反馈信息,再加上后续课程提出的新要求,如机器学习、模式识别、图像处理、数据挖掘等,所有这些因素都促使笔者对本书进行修订。

　　不同于第 1 版使用的 Python 版本 3.5.3,第 2 版使用的 Python 版本为 3.7.9。在第 1 章中增加了一节新内容,介绍两款常用的 Python 代码编辑器,即 PyCharm 和 Jupyter Notebook。第 2 章"数据类型"对知识点进行了重新梳理和组织。第 4 章的 4.4 节"应用举例"中修正了个别错误并增加了新内容。第 5 章"函数"增加了一节新内容——递归函数,它是分治策略的具体体现。第 6 章"类和面向对象"增加了两节新内容,分别是模块与包、常用的 Python 标准库。第 8 章删除了一些难度较大的内容,如创建命名捕获组。第 10 章删除了 pathlib 和 shutil 两个模块的讲解,而只介绍 os 模块。第 13 章增加了生成器的有关内容。第 14 章"数据分析与可视化"是新增加的一章,这些内容是后续课程的基础。

　　对于课时安排较少的学校,可以只学到第 9 章的异常处理部分以及第 13 章 Python 语言的常用函数。代码调试、文件和文件夹、数据库应用、图形用户界面设计以及数据分析与可视化等内容可自学。本课程是"机器学习""模式识别""自然语言处理"等课程的先修课程,读者一定要夯实基础。

　　本书由天津科技大学人工智能学院具有丰富教学经验的一线教师编写。第 2 版是中国轻工业"十四五"规划立项教材。在本书编写过程中得到了教研室同事,特别是吴超和于洋两位教师的大力支持,在此深表感谢!书中的个别素材来源于网络,在此对所用素材作者表示感谢。

　　由于时间仓促,加之编者水平有限,书中难免存在一些疏漏或错误之处,敬请广大读者批评指正。

编　者

2023 年 1 月

目录

第1章 初识 Python 语言 ... 1
- 1.1 Python 语言简介 ... 1
- 1.2 安装 Python 开发环境 ... 2
- 1.3 Python 解释器的重要工具 ... 3
- 1.4 pip 命令 ... 4
- 1.5 配置 IDLE 集成开发环境 ... 5
- 1.6 安装和调试的常见问题 ... 6
- 1.7 打包工具 PyInstaller ... 10
- 1.8 Python 代码编辑器 ... 12
- 1.9 小结 ... 14
- 练习题 1 ... 15

第2章 数据类型 ... 16
- 2.1 数值型 ... 16
- 2.2 序列型 ... 18
  - 2.2.1 字符串 ... 18
  - 2.2.2 列表 ... 24
  - 2.2.3 元组 ... 30
- 2.3 布尔型 ... 33
- 2.4 变量 ... 34
- 2.5 集合 ... 36
- 2.6 字典 ... 39
- 2.7 基本的输入输出函数 ... 43
- 2.8 小结 ... 46
- 练习题 2 ... 46

第3章 运算符 ... 48
- 3.1 算术运算符 ... 48
- 3.2 比较运算符 ... 50
- 3.3 逻辑运算符 ... 51

3.4	位运算符	53
3.5	恒等运算符	54
3.6	运算符的优先级	55
3.7	复合赋值运算符	56
3.8	小结	57
练习题 3		57

第 4 章 控制结构 59

4.1	选择结构	59
4.2	循环结构	61
4.3	break 语句和 continue 语句	62
4.4	应用举例	64
4.5	小结	67
练习题 4		68

第 5 章 函数 70

5.1	函数的定义和使用	70
5.2	函数的参数类型	73
5.3	参数解包	77
5.4	递归函数	78
5.5	lambda 函数	79
5.6	变量的作用域	80
5.7	小结	82
练习题 5		82

第 6 章 类和面向对象 85

6.1	类的定义与使用	85
	6.1.1 实例属性与类属性	86
	6.1.2 实例方法与类方法	87
	6.1.3 静态方法	88
6.2	类的继承	89
6.3	类的特殊方法	92
6.4	模块与包	96
6.5	常用的 Python 标准库	97
6.6	小结	100
练习题 6		100

第 7 章 字符串 102

7.1	字符串操作符	102

7.2	字符串处理函数	103
7.3	字符串方法	105
	7.3.1 大小写转换	105
	7.3.2 查找和替换	106
	7.3.3 字符分类	108
	7.3.4 字符串格式化	111
	7.3.5 字符串与列表和元组相互转换	114
7.4	小结	116
练习题 7		116

第 8 章　正则表达式　118

8.1	正则表达式的定义	118
8.2	元字符	119
	8.2.1 点与方括号字符集	120
	8.2.2 特殊字符类	121
	8.2.3 转义字符	122
	8.2.4 边界匹配	123
	8.2.5 数量词	124
	8.2.6 子模式	126
8.3	匹配标志	128
8.4	模块 re 的常用方法	130
8.5	小结	132
练习题 8		132

第 9 章　异常处理与代码调试　134

9.1	异常处理结构	134
9.2	自定义异常	138
9.3	代码调试	140
9.4	代码测试	142
9.5	小结	148
练习题 9		148

第 10 章　文件和文件夹　149

10.1	文本文件	149
10.2	二进制文件	154
10.3	文件和文件夹操作	155
	10.3.1 创建文件夹	157
	10.3.2 搜索文件和文件夹	157
	10.3.3 临时文件和目录	158

　　　　10.3.4　删除文件和目录 ………………………………………………………… 159
　10.4　小结 ……………………………………………………………………………… 160
　练习题 10 ……………………………………………………………………………… 160

第 11 章　数据库应用　162

　11.1　SQL 基本语法 …………………………………………………………………… 162
　11.2　数据库应用编程接口 ……………………………………………………………… 163
　11.3　增删查改操作 ……………………………………………………………………… 163
　　　　11.3.1　建立数据库连接 …………………………………………………………… 164
　　　　11.3.2　创建表 ……………………………………………………………………… 165
　　　　11.3.3　插入记录 …………………………………………………………………… 167
　　　　11.3.4　读取记录 …………………………………………………………………… 170
　　　　11.3.5　连接操作 …………………………………………………………………… 171
　　　　11.3.6　WHERE 子句 ……………………………………………………………… 173
　　　　11.3.7　更新和删除记录 …………………………………………………………… 173
　11.4　小结 ……………………………………………………………………………… 174
　练习题 11 ……………………………………………………………………………… 175

第 12 章　图形用户界面设计　176

　12.1　组件的标准属性 …………………………………………………………………… 178
　　　　12.1.1　尺寸属性和颜色属性 ……………………………………………………… 178
　　　　12.1.2　字体属性 …………………………………………………………………… 179
　　　　12.1.3　锚点属性和样式属性 ……………………………………………………… 180
　　　　12.1.4　位图属性和光标属性 ……………………………………………………… 181
　12.2　布局管理器 ………………………………………………………………………… 182
　　　　12.2.1　pack 布局管理器 …………………………………………………………… 182
　　　　12.2.2　grid 和 place 布局管理器 ………………………………………………… 183
　12.3　tkinter 事件处理 …………………………………………………………………… 185
　12.4　常用组件 …………………………………………………………………………… 189
　　　　12.4.1　按钮组件 …………………………………………………………………… 189
　　　　12.4.2　画布组件 …………………………………………………………………… 189
　　　　12.4.3　复选按钮 …………………………………………………………………… 191
　　　　12.4.4　文本框 ……………………………………………………………………… 192
　　　　12.4.5　列表框 ……………………………………………………………………… 193
　　　　12.4.6　单选按钮和文本组件 ……………………………………………………… 194
　　　　12.4.7　与菜单有关的组件 ………………………………………………………… 196
　　　　12.4.8　容器组件 …………………………………………………………………… 197
　　　　12.4.9　消息框和文件对话框 ……………………………………………………… 198
　　　　12.4.10　其他组件 ………………………………………………………………… 199

12.5	小结		201
练习题 12			201

第 13 章　Python 语言的常用函数　203

13.1	常用函数介绍		203
	13.1.1	执行函数和过滤函数	204
	13.1.2	投影函数和区间函数	205
	13.1.3	缩减函数、组合函数和枚举函数	206
	13.1.4	格式函数	207
13.2	可迭代、迭代器与生成器		210
13.3	小结		214
练习题 13			215

第 14 章　数据分析与可视化　216

14.1	NumPy		216
	14.1.1	创建数组	217
	14.1.2	算术运算与线性代数	219
	14.1.3	通用函数	221
	14.1.4	索引、切片和迭代	223
	14.1.5	形状变换	226
	14.1.6	堆叠与分割	227
	14.1.7	广播	228
14.2	SciPy		229
14.3	Pandas		231
	14.3.1	Series	231
	14.3.2	DataFrame	234
14.4	Matplotlib		237
	14.4.1	绘制曲线	238
	14.4.2	中文字体	241
	14.4.3	输出文本	243
	14.4.4	绘制子图	245
	14.4.5	饼图、散点图和直方图	246
14.5	小结		249
练习题 14			249

参考文献　251

第 1 章 初识 Python 语言

1.1 Python 语言简介

教学课件

Python 语言由 Guido 设计并领导开发，最早的可用版本诞生于 1991 年。Python 解释器的全部源代码都是公开的，可以在 Python 语言的官方网站（https://www.python.org/）上免费下载。截至目前，Python 语言是机器学习（Machine Learning，ML）、人工智能（Artificial Intelligence，AI）等领域最好的编程语言。几乎所有的机器学习和深度学习（Deep Learning，DL）框架都是基于 Python 语言编写的。Python 语言语法简洁、简单易学、功能强大，能够方便地封装 C、C++ 等语言编写的模块。

在 Python 语言的发展史上，先后出现了 Python 2.x 版本和 Python 3.x 版本，这两个版本的很多用法是不兼容的。Python 3.x 版本的解释器内部采用面向对象的方式实现，其语法也做了很多改进，这些改进导致 3.x 版本无法向下兼容 2.x 版本。因此，所有基于 2.x 版本编写的程序必须经过修改后才能在 3.x 版本的解释器下执行。2010 年 7 月，Python 2.x 系列的最后一个版本发布，主版本号为 2.7。因此，Python 语言的初学者如果没有特殊需要，一定要学习使用 Python 3.x 版本。

Python 语言的应用范围十分广泛，如著名搜索引擎 Google 的核心代码使用 Python 语言实现，迪士尼公司（Disney）的动画制作与生成采用 Python 语言实现。2020 年和 2021 年，Python 连续两年被 TIOBE 官方（https://www.tiobe.com/tiobe-index/）评选为“年度编程语言”，如图 1-1 所示。

Programming Language Hall of Fame

The hall of fame listing all "Programming Language of the Year" award winners is shown below. The award is given to the programming language that has the highest rise in ratings in a year.

Year	Winner
2021	Python
2020	Python

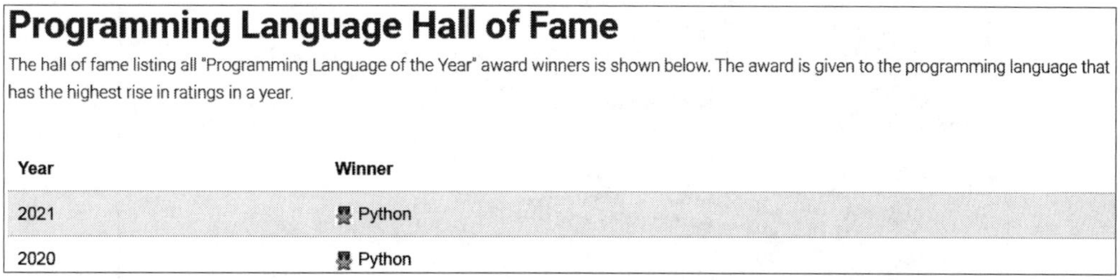

图 1-1　2020 年和 2021 年 TIOBE 连续两年授予 Python“年度编程语言”

那么如何判断一个 Python 程序是不是 3.x 版本呢？最简便的方法是查看其 print 的使用方式：

```
Python 2.x:   >>> print "2.x"
Python 3.x:   >>> print("3.x")
```

print 在 3.x 版本和 2.x 版本中的功能是一样的，但是用法不同。

1.2 安装 Python 开发环境

要想编写、调试和运行 Python 程序，首先必须正确地安装 Python 解释器。Python 解释器的源代码非常小，为 25～30MB，下载网址为 https://www.python.org/downloads。根据所用操作系统的类型等性能指标决定选择哪一个版本的 Python 解释器。本书使用的是 64 位的 Python 3.7.9 版本。Python 官网提供的下载页面如图 1-2 所示。

图 1-2 Python 官网下载页面

Python 解释器安装时会启动一个引导过程，以 Windows 操作系统为例，该引导过程如图 1-3 所示。在该界面中，选中"Add Python 3.7 to PATH"复选框。

图 1-3 安装启动界面

安装成功的界面如图 1-4 所示。

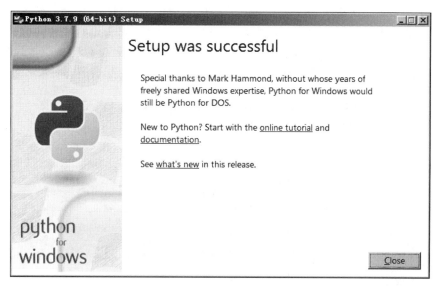

图 1-4　安装成功的界面

1.3　Python 解释器的重要工具

下面是 Python 解释器自带的两个重要工具。

（1）IDLE 集成开发环境（Integrated DeveLopment Environment），如图 1-5 所示。这是 Python 语言的交互式运行环境，它能即时响应用户输入的代码并输出执行结果（在 IDLE>>>提示符的后面输入代码，输入完毕按回车键即可执行代码）。这种方式一般用于逐行调试程序代码。

（2）pip（Package Installer for Python），即 Python 第三方扩展库安装工具，用于在当前计算机上安装第三方扩展库。关于如何使用 pip 的详细内容请参见 1.4 节。

对于 Python 语言的初学者，建议使用 Python 解释器自带的 IDLE 集成开发环境进行程序开发。以 Windows 操作系统为例，在"开始"菜单中启动 IDLE，如图 1-5 所示。

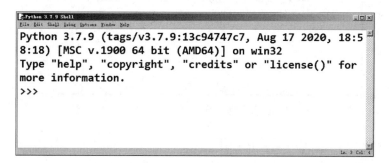

图 1-5　交互式 IDLE

IDLE 集成开发环境有两种使用方式：交互式和文件式。交互式的使用方法已经介绍完毕，下面再来看看文件式的使用方法。在如图 1-5 所示的界面中使用组合键 Ctrl+N 或在菜单中选择 File→New File 选项，将打开一个新窗口，如图 1-6 所示。该窗口是 IDLE 提供的代码编辑器，具备 Python 语法高亮显示的辅助功能，适合编写几百行以内的代码。将编写好的程序代码保存为 Python 文件（使用.py 作为文件扩展名），然后选择菜单栏中的 Run→Run Module 命令，或直接按 F5 键，就可以运行 Python 程序了。

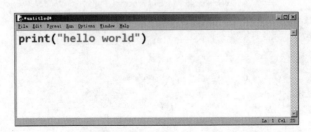

图 1-6 文件式 IDLE

1.4 pip 命令

pip 是管理 Python 扩展库（模块）最重要的工具，使用它不仅可以查看本机已安装的 Python 扩展库列表，还可以安装、升级或卸载 Python 扩展库。pip 命令的使用方法如表 1-1 所示。注意：pip 命令是在 Windows 命令提示符 cmd[①] 下使用的，而且要切换到 Python 可执行程序 python.exe 所在目录的 Scripts 文件夹下。图 1-7 中演示了如何安装 jieba 扩展库。读者如果不知道 Python 解释器所在的路径，可以执行如下命令。

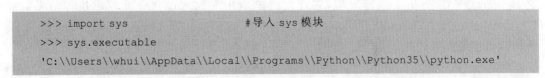

```
>>> import sys                    #导入 sys 模块
>>> sys.executable
'C:\\Users\\whui\\AppData\\Local\\Programs\\Python\\Python35\\python.exe'
```

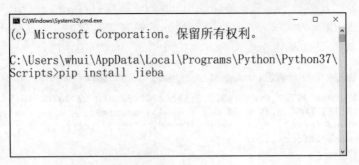

图 1-7 在命令提示符下用 pip 安装 jieba 扩展库

在上述路径中，whui 是本书作者计算机上的一个用户名，对应一个文件夹。另外，读者还要注意，在操作系统中有些目录在默认情况下是隐藏的，不显示出来。

---

① cmd 代表 command 命令。

表 1-1 pip 命令的使用方法

pip 命令	说　明
pip install module	安装 module 模块
pip list	列出本机已安装的所有模块
pip install --upgrade module	升级 module 模块，--upgrade 可用-U 代替
pip uninstall module	卸载 module 模块
pip download module	下载但不安装 module 模块
pip show module	列出第三方库 module 的详细信息
pip search keyword	根据 keyword 在 https://pypi.org 上搜索扩展库

在 https://pypi.org/网站上可以发现（Find）、安装（Install）和发布（Publish）Python 扩展库，如图 1-8 所示。单击图中的"Or browse projects"按钮可以看到所有项目的分类列表。有些 Python 扩展库临时还没有与本机安装的 Python 版本对应的官方版本，或者安装时要求本机已安装相应版本的 C++ 编译器，在这种情况下，可以到网站 http://www.lfd.uci.edu/~gohlke/pythonlibs/下载对应的 whl 文件（Windows 二进制文件），然后在命令提示符 cmd 下使用 pip 命令进行安装。

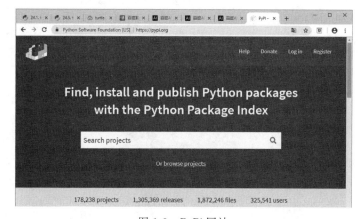

图 1-8　PyPi 网站

1.5　配置 IDLE 集成开发环境

IDLE 自身没有提供类似于 Windows 命令提示符下的清屏命令 cls（Clear Screen），不过这可以通过安装插件来实现。从互联网上下载 ClearWindow.py 文件（本书配套资源里有这个文件），将其放到 Python 安装路径下的 Lib\idlelib 文件夹中，用记事本打开该文件夹下的 config-extensions.def 文件，在该文件的末尾添加以下几行代码。

```
[ClearWindow]
```

```
enable=1
enable_editor=0
enable_shell=1
[ClearWindow_cfgBindings]
clear-window=<Control-Key-l>
```

上面的这几行配置代码,不需要手动输入,已经包含在 ClearWindow.py 文件中,如图 1-9 所示,打开 ClearWindow.py 文件复制即可。

```
Add these lines to config-extensions.def

[ClearWindow]
enable=1
enable_editor=0
enable_shell=1
[ClearWindow_cfgBindings]
clear-window=<Control-Key-l>
```

图 1-9　文件 ClearWindow.py 的部分内容

保存 config-extensions.def 文件,重启 IDLE 后会发现 Options 菜单中多了一个清屏菜单项,如图 1-10 所示。注意:在图 1-10 中,作者将清屏快捷键进行了修改,由原来的"Control-Key-l"修改为"Control+;"。每当需要清屏时,只要同时按下 Ctrl 键和分号键";"即可。

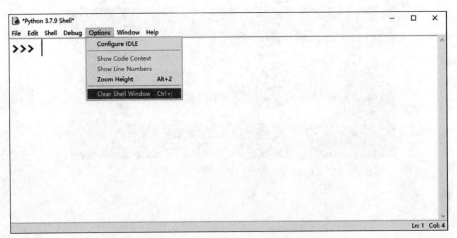

图 1-10　Options 菜单中多了一个清屏菜单项

1.6　安装和调试的常见问题

下面列出 Python 语言初学者经常遇到的五种问题及其解决办法。

问题 1:安装失败。

安装失败(Setup failed),如图 1-11 所示。安装失败通常是因为操作系统与 Python 版本不兼容导致的,如在低版本的 Windows 操作系统中安装较新版本的 Python 解释器。遇到这种情况时，建议安装较低版本的 Python 解释器，如 32 位的 Python 3.4.2。

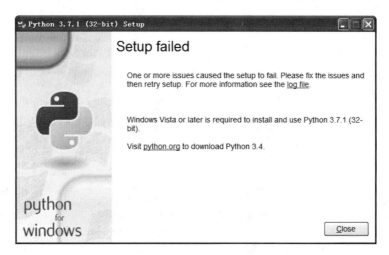

图 1-11　Python 安装失败

问题 2：系统环境变量 Path 配置错误。

Python 解释器安装成功以后，在 Windows 命令提示符下执行 python 命令，如果出现如图 1-12 所示的情况，则表明操作系统中没有配置好 Python 解释器的安装路径。

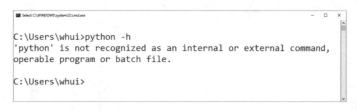

图 1-12　Python 路径配置缺失

出现这种问题是因为在安装 Python 解释器时没有选中图 1-3 中的"Add Python 3.7 to PATH"复选框。解决该问题的方法是将 Python 的安装路径添加到 Windows 操作系统的 PATH 环境变量中。具体操作步骤如下。

第一步，右击"此电脑"，选择"属性"命令，得到与图 1-13 对应的界面。

第二步，在图 1-13 中选择"高级系统设置"，进入"系统属性"界面，如图 1-14 所示。

第三步，单击图 1-14 中的"环境变量"按钮，进入"环境变量"配置界面，如图 1-15 所示。双击修改上一个列表中的 PATH 变量（whui 的用户变量），在其中增加 Python 可执行程序 python.exe 所在的目录。不同版本的解释器在不同操作系统上的安装路径不同，这里仅给出一个参考目录 C:\Users\whui\AppData\Local\Programs\Python\Python37。

在该路径中，whui 是本书作者计算机上的一个用户名，对应一个文件夹。

问题 3：unexpected indent 意外缩进错误。

图 1-16 中的错误是因为 print() 函数前有多余的空格，产生了错误的缩进，因此程序运行时出错。缩进是 Python 语法的一部分，初学者常犯的一个错误是将 Tab 键和空格键混用，从而导致缩进不一致。

图 1-13 "系统"配置界面

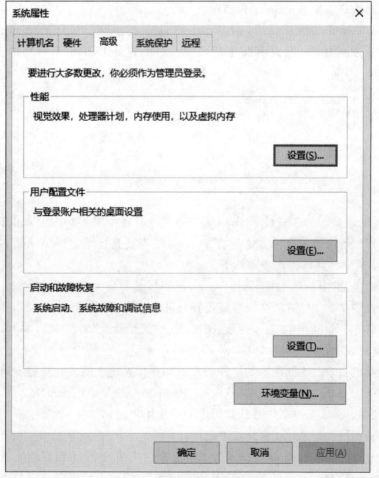

图 1-14 "系统属性"配置界面

图 1-15 "环境变量"配置界面

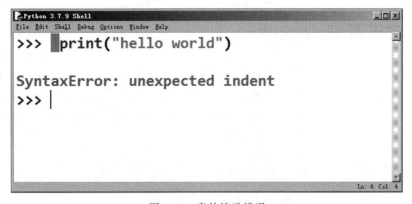

图 1-16 意外缩进错误

问题 4：**invalid syntax 无效语法错误**。

这个错误通常是由语法格式错误导致的。具体地说，虽然图 1-17 中编辑器提示错误出现在最后一行的 print() 语句处，但实际上错误的根源是第 2 行的 print() 语句，该行语句缺少一个右括号")"。

图 1-17　无效语法错误

问题 5：invalid character 无效字符错误。

在如图 1-18 所示的代码中使用了中文右括号，这是不允许的。Python 语法都是用英文定义的，不能使用中文符号。

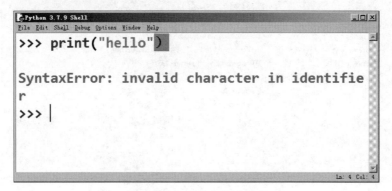

图 1-18　无效字符错误

1.7　打包工具 PyInstaller

PyInstaller 是一个十分有用的 Python 扩展库，其网址为 http://www.pyinstaller.org/。它能够在 Windows、Linux 等操作系统下将 Python 源程序文件（即 .py 文件）打包，变成可直接运行的可执行文件。通过对源程序文件打包，Python 程序可以在没有安装 Python 环境的系统中运行。PyInstaller 需要在命令提示符下使用 pip 命令安装，代码如下。

```
:\>pip install PyInstaller
```

具体安装方法请参考 1.4 节的相关内容。

使用 PyInstaller 扩展库对 Python 源程序文件打包非常简单，使用方法如下。

```
:\>pyinstaller <源程序文件名>
```

执行完上述代码，在源文件所在目录中将增加 dist 和 build 两个文件夹，如图 1-19 所示。其中，build 目录是 PyInstaller 存储临时文件的目录，可以将其删除。最终生成的可执行程序在 dist 文件夹内,并且与源程序文件同名,dist 文件夹中的其他文件是可执行文件的动态链接库[①]。可以使用选项-F 限定 Python 源文件只生成一个独立的可执行文件,代码如下。

```
:\>pyinstaller -F hello.py
```

上述代码执行完毕后,在 dist 文件夹中只包含一个 hello.exe 文件,如图 1-19 所示,没有其他任何依赖库。假如 hello.py 源程序文件的内容如图 1-20 所示,双击 dist 文件夹中生成的可执行文件 hello.exe,程序的执行结果如图 1-21 所示。

图 1-19　生成的 build 和 dist 两个文件夹

图 1-20　源程序文件 hello.py 中的内容

图 1-21　可执行程序 hello.exe 的运行结果

说明:input()函数的功能是接收键盘输入的内容,将接收到的内容作为一个字符串返回,其中,input()函数中双引号中的内容是提示信息。

注意:在命令提示符 cmd 下一定要使用切换目录命令 cd(change directory),将命令提示符 cmd 的工作目录切换至源程序文件 hello.py 所在的目录,如图 1-22 所示,图中的路径 C:\Users\whui\Desktop\Turtle 是本书作者存放 hello.py 源程序的目录。

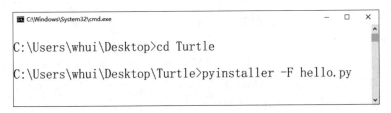

图 1-22　切换命令提示符的工作目录

---

① 动态链接库(Dynamic Link Library,DLL),是微软公司在 Windows 操作系统中实现共享函数库概念的一种方式。

使用 PyInstaller 库时要注意：文件路径中不能出现空格和英文句号。与-F 选项的使用方式类似，PyInstaller 还支持其他一些常用的选项，如表 1-2 所示。

表 1-2　PyInstaller 常用选项及其含义

选　　项	含　　义
-h，--help	查看帮助
--clean	清理打包过程中产生的临时文件
-D，--onedir	默认值，生成 dist 文件夹
-F，--onefile	在 dist 文件夹中只生成一个独立的可执行文件
-i＜图标文件名.ico＞	指定即将生成的可执行程序所使用的图标

下面给出几个 IDLE 常用的快捷键，如表 1-3 所示。

表 1-3　IDLE 常用的快捷键

快　捷　键	说　　明
Alt＋p	查看上一条命令，p 是 previous 的首字母
Alt＋n	查看下一条命令，n 是 next 的首字母
Tab	补全命令
Alt＋3	添加注释
Alt＋4	取消注释
Ctrl＋]	向右侧缩进代码
Ctrl＋[	取消缩进

1.8　Python 代码编辑器

Python 代码编辑器众多，除了 Python 系统自带的 IDLE，还有 PyCharm、Jupyter Notebook、VS Code 等。其中，Jupyter Notebook 用于数据分析和机器学习；PyCharm 适用于大型工程项目；VS Code 适合多种编程语言。

1. Jupyter Notebook[①]

Jupyter Notebook 是一种 Web 应用，它使得用户能够将说明文档、数学公式、程序代码和可视化等内容，全部整合到一个易于共享的文档中。Jupyter Notebook 是 Anaconda 平台的一部分，不需要单独安装。在图 1-23 中，单击 Anaconda3(64－bit)目录下的 Jupyter Notebook(Anaconda3)图标，即可启动 Jupyter Notebook，如图 1-24 所示。

在图 1-24 中 Jupyter Notebook 界面的顶端有三个选项卡，分别是 Files（文件）、Running（运行）和 Clusters（集群）。这三个选项卡的功能，参见表 1-4。

---

① 除了 Python 语言，Jupyter Notebook 还支持 R、Julia 等许多种编程语言。

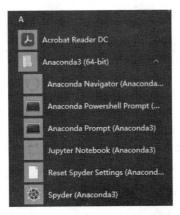

图 1-23　Anaconda3(64-bit)目录

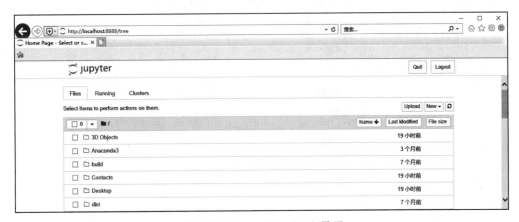

图 1-24　Jupyter Notebook 界面

表 1-4　选项卡的功能

选　项	功　　能
Files	显示当前 notebook 文件夹中所有的文件和子文件夹
Running	列出当前所有正在运行的 notebook
Clusters	由 IPython parallel 提供支持，是 IPython 的并行计算框架。它允许用户控制许多单独的引擎，通常不需要使用

Jupyter 单元格有两种模式，分别是编辑模式和命令模式。这两种模式的切换方式如表 1-5 所示。

表 1-5　两种模式的切换操作

模　式	按键操作	鼠标操作
编辑模式	Enter 键	在单元格内单击
命令模式	Esc 键	在单元格外单击

在命令模式下，常用的快捷键如表 1-6 所示。

表 1-6 命令模式下的常用快捷键

快 捷 键	功 能	快 捷 键	功 能
h	显示快捷键列表	z	撤销一次删除操作
s	保存文件	l	显示/不显示行号
a	在当前行的上面插入一个单元格	x	剪切一个单元格
b	在当前行的下面插入一个单元格	c	复制一个单元格
d(两次)	删除当前单元格	v	粘贴到当前单元格的下面

（1）编辑模式。

编辑模式如图 1-25 所示，右上角出现一支铅笔的图标，单元格左侧边框线呈绿色。

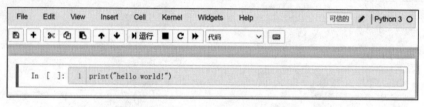

图 1-25　编辑模式

（2）命令模式。

当处于命令模式时，铅笔图标消失，单元格左侧边框线呈蓝色。

2. PyCharm

PyCharm 带有一整套可以帮助用户在使用 Python 语言开发软件时提高工作效率的工具，如语法高亮、项目管理、代码跳转、智能提示、自动完成、代码调试、单元测试、版本控制。此外，PyCharm 还提供了一些高级功能，以用于支持在 Django 框架下的专业 Web 开发。

PyCharm 需要自行下载并安装，安装结束后，运行 PyCharm，单击 Create New Project，输入项目名、路径，选择 Python 解释器即可。

1.9　小结

Python 语言诞生于 1991 年，由 Guido 设计并领导开发。Python 语言在诸如迪士尼公司的动画制作与生成等领域有着十分广阔的应用前景。本章主要讲述 Python 语言解释器的安装及其自带的两个重要工具——IDLE 集成开发环境和第三方扩展库的安装等内容；配置 IDLE，为其添加清屏快捷键；安装和调试 Python 程序时常出现的各种问题及其解决办法；Python 程序的打包工具 PyInstaller，将 Python 源程序文件打包后（变成了可执行文件 .exe），该程序可以在没有安装 Python 环境的系统中直接运行。

练习题 1

1. Python 语言诞生于_____年,是在_____的带领下设计并开发的。

2. 2021 年,Python 语言被 TIOBE 官方评选为"_____"。

3. 在 Python 语言的发展史上,先后出现了_____和_____两个版本,判断当前使用的 Python 语言是哪一个版本的简单方法是_____。

4. Python 解释器自带的两个重要工具是_____和_____。

5. 安装 Python 扩展库 jieba,需要执行的命令是_____。

6. 列出当前计算机中已安装的所有模块的命令是_____。

7. 学习 Python 语言要时刻提醒自己"不要重复造轮子",因为 PyPi 网站上提供了许多第三方扩展库。另外,Doug Hellmann 的博客 https://pymotw.com/2/ 也提供了大量的极佳参考资料。在多数情况下,用户需要的某些功能,Python 语言、PyPi 网站等早已提供了相应的开源功能模块,用户下载使用即可,无须自己开发。请写出 PyPi 网站的网址_____。

8. 查阅资料,给出几个 Python 语言在生产实践中的真实应用场景。

9. 编写一段代码,使之输出文字"Hello World!",然后使用 PyInstaller 将这段代码编译成可执行文件。

10. Python 程序运行时出现 invalid character 无效字符错误,一般是由什么原因导致的?

第 2 章 数据类型

Python 语言的数据类型包括数值型、序列型、布尔型、集合和映射型,如表 2-1 所示。数值型又细分为整数、浮点数和复数。序列型包括字符串、列表(list)和元组(tuple)。另外,还可以根据定义后数据是否可更改,将数据类型分为两大类。

表 2-1 Python 数据类型

数据类型		
	数值型	整数,示例:2, 1
		浮点数,示例:3.14
		复数,示例:2+3j
	序列型	字符串,示例:"hello"
		列表,示例:[1, 3, 2]
		元组,示例:(2, 1, 3)
	布尔型	True 或 False
	集合	集合,示例:{1, 3, 5}
	映射型	字典,示例:{'b': 2, 'a': 1}

(1) 不可变类型(immutable):赋值后不可更改,如字符串和元组;
(2) 可变类型(mutable):赋值后可更改,除字符串和元组外的其他数据类型。

教学课件

2.1 数值型

在 Python 语言中,整数可用二进制(binary)、八进制(octal)、十进制(decimal)和十六进制(hexadecimal)4 种形式表示,如表 2-2 所示。

表 2-2 各种进制

进 制	引 导 符	函 数	示 例
二进制	0b 或 0B	bin(60)	0b111100
八进制	0o 或 0O	oct(60)	0o74
十进制	—	—	60
十六进制	0x 或 0X	hex(60)	0x3c

上述表格中给出了十进制 60 的二进制、八进制和十六进制 3 种表示形式。另外，进制只是整数的不同表示形式，用于辅助程序员更好地开发程序。不同进制的整数相互之间可以直接进行运算。无论采用何种进制表示形式，数据在计算机内部都是以相同的格式存储的。在默认情况下，不同进制之间的运算结果以十进制数形式显示。

```
>>>0b101+0x11                    #二进制的 101 等于十进制的 5
22                               #十六进制的 11 等于十进制的 17
>>>bin(3)
'0b11'
>>>oct(10)
'0o12'
>>>hex(11)
'0xb'
```

浮点数有两种表示形式：带小数点的一般形式和科学计数法。例如小数 123.456，用科学计数法表示是 1.23456e2（字母 e 也可以大写）。Python 语言的浮点数运算存在一个"不确定尾数"的问题。

```
>>>1.23456e2
123.456
>>>0.1+0.2
0.30000000000000004
```

"不确定尾数"是程序设计语言的共性问题。要想消除"不确定尾数"的影响，可以使用 round() 函数：round(x, d) 对浮点数 x 进行四舍五入，保留 d 位小数。

```
>>>round(1.2346, 2)
1.23
>>>round(1.55, 1)
1.6
```

math 是一个常用的数学库。

```
>>>import math                   #导入数学库 math
>>>math.floor(5.6)               #下取整
5
>>>math.ceil(5.6)                #上取整
6
```

复数（complex）由实部（real）和虚部（imag）构成，在 Python 语言中，复数的虚部以 j 或者 J 作为后缀。

```
>>>a = 3 +2j                          #定义一个变量 a 并赋值为 3+2j
>>>a                                  #输出变量 a 的值
(3+2j)
>>>a.real                             #得到复数 a 的实部
3.0
>>>a.imag                             #得到复数 a 的虚部
2.0
>>>2 +j                               #虚部为 1 时不能省略不写
Traceback (most recent call last):
  File "<pyshell#63>", line 1, in <module>
    2 +j
NameError: name 'j' is not defined
>>>2 +1j                              #虚部为 1
(2+1j)
>>>abs(4 +3J)                         #使用函数 abs[1]()得到复数 4+3J 的模
5.0                                   #注意结果是浮点数,而不是整数
>>>abs(-5)
5
>>>abs(-1.5)
1.5
```

2.2 序列型

计算机不仅对单个数据进行处理,在更多情况下,它需要对一组数据进行批量处理,而容纳一组数据的容器包括字符串、列表、元组、集合、字典等,其中前 3 个是序列型数据。序列型数据中元素之间存在前后顺序关系,并且可以有相同的元素。

2.2.1 字符串

字符串是字符的序列,分为单行字符串和多行字符串两种类型。单行字符串用一对单引号或一对双引号作为边界。

```
>>>print('这是"单行字符串"')
这是"单行字符串"
```

多行字符串用一对三个单引号或一对三个双引号作为边界。

```
>>>print("""这是多行字符串的第一行
这是多行字符串的第二行
```

---

[1] abs 代表 absolute(绝对值)。

```
""")
这是多行字符串的第一行
这是多行字符串的第二行
```

用下标和中括号[]操作符访问字符串中的字符,注意下标从 0 开始计数,如图 2-1 所示。

```
>>>fruit ="apple"              #将字符串 apple 赋值给变量 fruit
>>>fruit[1]                    #得到字符串 apple 的第二个字符
'p'
```

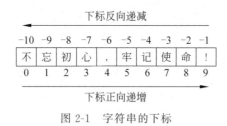

图 2-1 字符串的下标

len(x)函数返回字符串 x 的长度(Length):

```
>>>len("fun")
3
>>>len("不忘初心")
4
>>>length =len(fruit)          #得到字符串 apple 的长度
>>>length
5
>>>last =fruit[length-1]       #字符串 apple 的最后一个字符
>>>last
'e'
```

下标可以从 0 开始正向增大,也可以从 −1 开始反向减小。字符串的最后一个字符的下标为 −1,以此类推,倒数第 2 个字符的下标为 −2,如图 2-1 所示。

```
>>>fruit[-1]                   #字符串 apple 的最后一个字符
'e'
>>>fruit[-2]                   #倒数第 2 个字符
'l'
```

1. 字符串切片

得到字符串片段的操作叫作切片(Slice)。假如一个字符串被赋值给变量 s,则 s 的切片为 s[start:stop:step],其参数 start 为起点(默认值为 0)、stop 为终点(不包括)、step 为步长(默认值为 1),这 3 个参数都可以省略。

```
>>>s ="Python"
>>>s[0:2]                          #得到由s[0]和s[1]两个字符组成的字符串
'Py'
>>>s[:2]                           #等价于s[0:2:1]
'Py'
>>>s[2:4]                          #得到s[2]和s[3]两个字符
'th'
>>>s[2:]
'thon'
```

切片s[2:]从第3个字符开始,一直到结尾,等价于s[2:len(s):1]。

```
>>>s[::2]                          #等价于s[0:len(s):2],此处2是步长
'Pto'                              #得到s[0]、s[2]和s[4]三个字符
>>>s[2:2]                          #得到空字符串①
''
>>>s[2:1]                          #start 大于或等于stop时返回空字符串
''
>>>s[::]                           #等价于s[0:len(s):1]
'Python'
>>>s[1:4:2]                        #得到s[1]和s[3]两个字符
'yh'
>>>s ="god"
>>>s[::-1]                         #步长为-1时逆序输出字符串
'dog'
```

字符串是不可变的(Immutable),一旦创建就不能修改它包含的字符,也无法删除它包含的字符。

```
>>>s ='good'
>>>s[0] ='f'                       #错误,字符串不可变
Traceback (most recent call last):
  File "<pyshell#25>", line 1, in <module>
    s[0] ='f'
TypeError: 'str' object does not support item assignment
>>>new_s ='f' +s[1:]               #在原字符串的基础上创建一个新字符串
>>>new_s
'food'
>>>word ="apple"
>>>new_word =word.upper()          #转换为大写形式并赋值给new_word
>>>new_word
'APPLE'
>>>word                            #原字符串不变
```

---

① 注意不是空格。

```
'apple'
>>>word ="apple"
>>>word.find('p')                    #查找字符 p 第一次出现的下标
1
>>>word.find('le')                   #查找字符串 le 第一次出现的下标
3
>>>word ="banana"
>>>word.find('a', 2)                 #从下标等于 2 的位置开始查找
3
>>>name ='bob'
>>>name.find('b', 1, 2)              #查找字符 b,下标从 1 开始到 2 结束(不包括)
-1                                   #没找到时返回-1
>>>'a' in 'apple'                    #字符 a 在字符串 apple 中
True
>>>'seed' in 'pear'                  #字符串 seed 不在字符串 pear 中
False
```

Python 语言提供的 type(x)函数用于对 x 的类型进行判断。

```
>>>type(5)                           #5 为整型 int(Integer)
<class 'int'>
>>>type("Hello")                     #"Hello"为字符串类型 str(String)
<class 'str'>
>>>type(1.0)                         #1.0 为浮点型 float
<class 'float'>
```

2. 数据类型转换

Python 语言提供了 3 个数据类型转换函数,用于实现在整数、浮点数和字符串 3 种数据类型之间进行转换,如表 2-3 所示。

表 2-3 数据类型转换函数

函 数 名	功 能 描 述
int(x)	将 x 转换为整数
float(x)	将 x 转换为浮点数
str(x)	将 x 转换为字符串

浮点数转换为整数时,小数部分会被舍弃(不是四舍五入);整数转换为浮点数时,会添加小数部分。

```
>>>float(5)                          #整数转换为浮点数,添加小数部分
5.0
>>>str(5)                            #整数转换为字符串
'5'
```

```
>>>int(5.5)
5
```

上述代码在将浮点数转换为整数时,直接去掉小数部分,不进行四舍五入。

```
>>>str(5.5)                              #浮点数转换为字符串
'5.5'
>>>int("5")                              #字符串转换为整数
5
>>>float("5")                            #字符串转换为浮点数
5.0
>>>str(5+6)                              #先计算后转换
'11'
>>>float("hello")                        #出错,无法转换为浮点数
Traceback (most recent call last):
  File "<pyshell#2>", line 1, in <module>
    float("hello")
ValueError: could not convert string to float: 'hello'
```

添加在程序中用来说明程序功能的文字叫作注释(Comment)。注释有两种形式:
(1) 单行注释,以井号(#)开头;
(2) 多行注释,用一对 3 个单引号'''或一对 3 个双引号"""将注释内容括起来。
Python 解释器自动忽略注释的所有内容。

```
#计算已用时间的百分比
percentage = minute * 100 / 60
v = 5                                    #速度,单位"米/秒"
```

在上述代码中,有两个位置出现了注释。对于多行注释,在后面的章节进行介绍。

3. 转义字符

与其他编程语言类似,Python 语言也支持一种特殊形式的字符常量,即以一个反斜杠"\"开头的字符序列,如"\n"表示换行。反斜杠"\"叫作转义字符,它能改变其后字符的本来意义。Python 语言支持的、以反斜杠"\"开头的特殊字符如表 2-4 所示。

表 2-4 转义字符

字符形式	功　　能	字符形式	功　　能
\b	退格 Backspace	\f	走纸换页 Form Feed
\n	换行符 Newline	\r	回车符 Carriage Return
\t	水平制表符 Tab	\v	垂直制表符 Vertical
\\	\	\'	'
\"	"	\ooo	三位八进制数对应的字符
\xhh	二位十六进制数对应的字符	\uhhhh	四位十六进制数对应的 Unicode 字符

反斜杠"\"也是续行符，就是将一行代码写成两行或两行以上，一般用于代码较长的行，以增加代码的可读性。

注意：作为续行符，反斜杠"\"后不能有任何字符（包括空格），必须直接换行。

```
>>>print("这是第一行\
这是第二行\
这是第三行")
```

上述代码的输出结果：

```
这是第一行这是第二行这是第三行
```

Python 解释器自带的 IDLE 不支持部分转义字符，如\b、\f、\r、\v，如图 2-2 所示。而其自带的命令行模式不支持\f 和\v，支持\b 和\r，如图 2-3 所示。转义字符\f 和\v 只有输出到打印机时，才会有相应的效果。

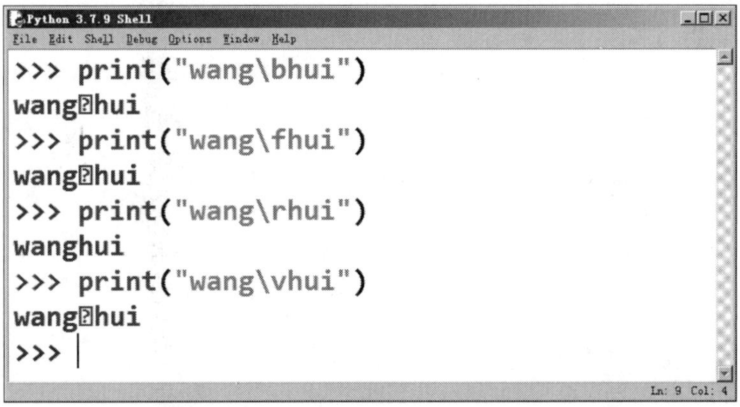

图 2-2　IDLE 不支持\b、\f、\r 和\v

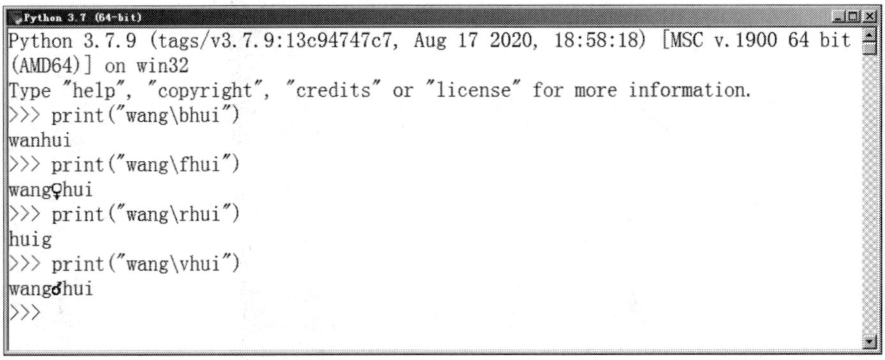

图 2-3　Python 自带的命令行模式

```
>>>print('Hello\nWorld!')              #包含转义字符\n 的字符串
Hello
```

```
World!
>>>oct(65)                          #十进制数 65 对应的八进制数
'0o101'
>>>print('\101')                    #三位八进制数 101 对应的字符
A
>>>hex(65)                          #十进制数 65 转换为十六进制数
'0x41'
>>>print('\x41')                    #两位十六进制数 41 对应的字符
A
>>>ord('王')                        #汉字"王"对应的 Unicode 编码
29579
>>>hex(29579)                       #十进制数 29579 转换为十六进制数
'0x738b'
>>>print('\u738b')                  #四位十六进制数 738b 对应的 Unicode 字符
王
```

Python 3.x 用 Unicode 编码存储字符串,一个英文或中文字符都记作一个字符。Unicode 编码是为了解决传统字符编码的局限性而产生的,从 1990 年开始研发,到 1994 年正式公布。它为世界上绝大多数语言的每一个字符都设定了统一的、唯一的二进制编码,以满足跨语言、跨平台文本转换、处理的要求。Unicode 编码共有三种实现方案,分别是 UTF-8、UTF-16 和 UTF-32,它们分别使用 1～4 字节、2～4 字节和 4 字节表示一个字符。由上述示例代码(汉字"王")可以看出,Python 语言使用 2 字节(16 位)存储一个汉字。

字符串的内容还有很多,本书第 7 章专门讲述字符串的剩余内容。

2.2.2 列表

1. 列表的含义

列表(list)是由一系列值构成的。列表中的值可以是任意类型。列表中的值被称为元素或者项。列表有多种创建方法,其中最简单的一种方法是将元素放在一对中括号"[]"里面,并用逗号隔开,举例如下。

```
>>>list()                           #空列表
[]
>>>[]                               #空列表
[]
>>>[1, 2, 4]
[1, 2, 4]
>>>type([1, 3, 5])                  #[1, 3, 5]为列表类型
<class 'list'>
>>>['a', 'b']
['a', 'b']
>>>['hello', 1.0, [2, 4]]           #列表可以嵌套
['hello', 1.0, [2, 4]]
```

2. 访问列表的元素

访问列表元素使用中括号运算符"[ ]",括号内的表达式指定了元素的下标,下标从 0 开始计数。

```
>>>numbers =[1, 5, 3]
>>>numbers[0]
1
>>>numbers[1]
5
>>>numbers[2]
3
>>>numbers[3]                          #列表 numbers 中没有下标为 3 的元素
Traceback (most recent call last):
  File "<pyshell#79>", line 1, in <module>
    numbers[3]
IndexError: list index out of range
>>>numbers[-1]                         #访问列表 numbers 的最后一个元素
3
```

由上述示例代码可以看出,下标可以从 0 开始正向增大,也可以从 -1 开始反向减小。

3. 列表的加法、乘法运算

列表的加法和乘法操作:

```
>>>a =[1, 2, 3]
>>>b =[4, 5, 6]
>>>c =a +b                             #两个列表相加+
>>>c
[1, 2, 3, 4, 5, 6]
>>>[1, 2] * 2                          #列表的重复操作*
[1, 2, 1, 2]
```

4. 列表的切片

与字符串切片的操作方式相同,列表的切片操作:

```
>>>t =['a', 'b', 'c', 'd', 'e']
>>>t[1:3]
['b', 'c']                             #返回 t[1]和 t[2]这两个元素的值
```

上述切片 t[1:3]的开始下标 start=1,结束下标 end=3(不包括),步长 step 取默认值 1。

```
>>>t[:3]                        #开始下标 start 取默认值 0
['a', 'b', 'c']                 #返回 t[0]、t[1]和 t[2]这 3 个元素的值
>>>t[3:]                        #开始下标 start=3,一直到列表结束
['d', 'e']                      #返回 t[3]和 t[4]的值
>>>t[:]                         #3 个参数的值都省略,复制整个列表
['a', 'b', 'c', 'd', 'e']
```

使用切片修改列表中的元素。

```
>>>t
['a', 'b', 'c', 'd', 'e']
>>>t[1:3] =['2', '1']           #将 t[1]和 t[2]的值分别修改为'2'和'1'
>>>t
['a', '2', '1', 'd', 'e']
```

5. 列表的方法

从总体上说,列表支持的方法可分为四类,分别是**增加**、**删除**、**查找**和**修改**。增加单个元素时,可使用 append()和 insert()方法。

```
>>>t =['a', 'b']
>>>t.append('c')                #在列表尾部添加元素'c'
>>>t
['a', 'b', 'c']
>>>t =[1, 3]
>>>t.append([4, 2])             #在列表尾部添加元素[4, 2]①
>>>t
[1, 3, [4, 2]]                  #[4, 2]为 t 的子列表
>>>t =[1, 5, 2]
>>>t.insert(1, 3)               #在索引 1 处插入元素 3
>>>t
[1, 3, 5, 2]
```

而增加多个元素时,则需要使用 extend()方法。

```
>>>t1 =['a', 'b']
>>>t2 =['c', 'd']
>>>t1.extend(t2)                #扩充列表 t1
>>>t1
['a', 'b', 'c', 'd']
>>>t2                           #列表 t2 保持不变
['c', 'd']
```

---

① 子列表[4,2]被看作列表 t 的一个元素。

删除单个元素时,可使用 pop() 和 remove() 方法,也可以使用 del 关键字。

```
>>>t =['a', 'b', 'c']
>>>x =t.pop(1)                      #1为待删除元素的下标
>>>x                                #pop()方法的返回值是被删除的元素
'b'
>>>t =['a', 'b', 'c']
>>>t.remove('b')
>>>t
['a', 'c']
>>>t =['a', 'b', 'c', 'b']          #列表 t 中有两个相同的元素 b
>>>t.remove('b')                    #仅删除第一个 b
>>>t
['a', 'c', 'b']
```

请读者自己总结 pop() 和 remove() 两种方法的区别。

```
>>>del t[1]
>>>t                                #列表 t 中只剩下两个元素 a 和 b
['a', 'b']
```

删除多个元素时,需要将 del 与切片相结合。

```
>>>t =['a', 'b', 'c', 'd', 'e']
>>>del t[1:3]                       #删除 t[1] 和 t[2]
>>>t
['a', 'd', 'e']
```

查找列表元素的索引时,使用 index() 方法[①]。

```
>>>t =[1, 5, 2]
>>>t.index(5)
1
```

count() 方法查找元素在列表中出现的次数。

```
>>>t =[3, 1, 2, 1]
>>>t.count(1)                       #元素 1 在列表 t 中出现了两次
2
>>>t.count(5)                       #列表 t 中没有元素 5
0
```

修改单个元素,使用中括号操作符[]和索引即可。

---

① 查找的元素不存在时,会抛出异常。关于异常,请参见本书第 9 章。

```
>>>t =[1, 5, 2]
>>>t[1] =3
>>>t
[1, 3, 2]
```

修改多个元素时,需要使用切片。

```
>>>t
[1, 3, 2]
>>>t[1:] =['b', 'a']
>>>t
[1, 'b', 'a']
```

列表支持的方法还有清除 clear()、复制 copy()、倒序 reverse()等,在此不再赘述,读者可使用 dir()查看这些方法的完整列表。

```
>>>dir(list)                    #输出结果:略
>>>dir(t)                       #功能同上,t 是一个具体的列表
```

另外,Python 语言的一些内置函数[1]也可以用于列表,如长度函数 len()。

```
>>>t =[1, 5, 2]
>>>len(t)                       #列表 t 的长度为 3,即包含 3 个元素
3
```

还可以使用 Python 语言的关键字 in 查看列表是否包含某个元素[2]。

```
>>>t
[1, 5, 2]
>>>2 in t                       #列表 t 包含元素 2
True
```

6. 列表与字符串

可以将字符串转换为列表。

```
>>>s ='good'
>>>t =list(s)
>>>t
['g', 'o', 'o', 'd']
```

使用 split()方法将一个字符串切分为列表。

---

[1] 使用代码 dir(__builtins__),查看 Python 语言内置函数的完整列表。
[2] 关键字 in 也可以用于字符串、元组、集合和字典。

```
>>>s ="amazing China"
>>>t =s.split()                    #等价于 t =s.split(" ")
>>>t
['amazing', 'China']
```

可通过参数 delimiter 指定单词之间的分割符,其默认值为空白字符[①]。

```
>>>s ="美-丽-中-国"
>>>delimiter ='-'
>>>s.split(delimiter)              #可直接写为 s.split("-")
['美','丽','中','国']
```

join()的功能与 split()的功能相反,它将列表中的元素用指定的字符连接起来。

```
>>>t =['just', 'for', 'fun']
>>>delimiter ='-'
>>>delimiter.join(t)               #可直接写为'-'.join(t)
'just-for-fun'
>>>delimiter =" "
>>>delimiter.join(t)               #可直接写为" ".join(t)
'just for fun'
```

7. 列表的排序

可使用 sort()方法对列表进行排序。

```
>>>t =['b', 'a', 'c']
>>>t.sort()                        #默认执行升序排列
>>>t                               #排序后的列表
['a', 'b', 'c']                    #原列表被改变
>>>t =[3, 1, 2]
>>>t.sort(reverse=True)            #降序排列,参数 reverse 的默认值为 False
>>>t                               #原列表被改变
[3, 2, 1]
```

sort()方法执行的是原地排序(in-place),即对原列表进行排序。Python 语言的内置函数 sorted()也可以对列表进行排序,但是它执行的不是原地排序,而是返回一个新列表。

```
>>>t =[1, 5, 2]
>>>sorted(t)                       #默认执行升序排列
[1, 2, 5]                          #返回一个新列表
```

---

① Python 语言的空白字符有 6 个,分别是空格' '、\f、\n、\r、\t 和\v。

```
>>>t                                    #原列表不变
[1, 5, 2]
>>>t = ['b', 'a', 'c']
>>>sorted(t, reverse=True)              #降序排列,参数 reverse 的默认值为 False
['c', 'b', 'a']                         #返回一个新列表
>>>t                                    #原列表不变
['b', 'a', 'c']
```

2.2.3 元组

元组(tuple)也是由一系列值构成的。元组中的值也可以是任意类型。元组的元素是通过下标访问的。显然,元组与列表在很多方面都是类似的。不过元组与列表有一个最大的不同点,那就是元组是不可改变的。

创建元组需要将元素放在一对小括号()里面,元素之间用逗号隔开。

```
>>>t1 = tuple()                         #创建空元组 t1
>>>t1
()
>>>t2 = ()                              #创建空元组 t2
>>>t2
()
>>>t = ('a', 'b')
>>>type(t)                              #变量 t 的类型为元组
<class 'tuple'>
```

当创建仅包含一个元素的元组时,在该元素的后面必须添加一个逗号[①]。

```
>>>t = ('a')
>>>type(t)
<class 'str'>                           #变量 t 的类型为字符串,不是元组
>>>t = ('a',)                           #元素后面必须添加一个逗号
>>>type(t)                              #变量 t 的类型为元组
<class 'tuple'>
```

元组与列表在很多方面都是类似的,如访问元组的元素。

```
>>>t = (2, 4, 3)
>>>t[1]
4
```

---

① 这是因为圆括号既可以表示元组,又可以表示数学公式中的小括号,从而产生歧义。因此,Python 语言规定,当创建仅包含一个元素的元组时,必须在该元素的后面添加一个逗号。

```
>>>t[1] = 5                              #修改元组 t 的第 2 个元素的值,失败
Traceback (most recent call last):       #因为元组是不可改变的
  File "<pyshell#26>", line 1, in <module>
    t[1] = 5
TypeError: 'tuple' object does not support item assignment
```

元组的加法和乘法运算:

```
>>>t1 = (2, 1)
>>>t2 = (3, 2)
>>>t1 + t2                               #返回一个新的元组
(2, 1, 3, 2)
>>>t1                                    #原来的元组不变
(2, 1)
>>>t2                                    #原来的元组不变
(3, 2)
>>>(2, 1) * 2
(2, 1, 2, 1)
>>>0 * (2, 1)                            #返回一个空元组
()
```

元组的切片:

```
>>>t = (3, 1, 5, 2)
>>>t[1:3]
(1, 5)
```

元组与字符串:

```
>>>s = "good"
>>>t = tuple(s)
>>>t
('g', 'o', 'o', 'd')
>>>t = ('just', 'for', 'fun')
>>>"**".join(t)
'just**for**fun'
```

元组是不可改变的,因此它不能执行增加、删除、修改操作[①]。

```
>>>t = (1, 3, 2)
>>>t[1] = 4                              #修改元组 t 的第 2 个元素,失败!
Traceback (most recent call last):
  File "<pyshell#15>", line 1, in <module>
    t[1] = 4
```

---

① 列表中与这三种操作对应的方法,在此处都不能使用。

```
TypeError: 'tuple' object does not support item assignment
>>>t
('g', 'o', 'o', 'd')
>>>t = ('f',) +t[1:]
>>>t                                    #变相修改元组 t 的值
('f', 'o', 'o', 'd')
```

查找操作是允许的,因为该操作并不改变元组。查找元组元素的索引时,使用 index()方法[①]。

```
>>>t = (1, 5, 2)
>>>t.index(5)                           #元素 5 的下标
1
count()方法查找元素在元组中出现的次数:
>>>t = (3, 1, 2, 1)
>>>t.count(1)                           #元素 1 在元组 t 中出现了 2 次
2
>>>t.count(5)                           #元组 t 中没有元素 5
0
```

Python 解释器对元组做了大量优化,因此它的访问速度比列表快很多。读者学完第 4 章的循环结构以后,可以编写代码验证这一点。

假如变量 a 和 b 的值分别为 1 和 2,想要将 a 和 b 的值互换,需要执行以下 3 条语句。

```
>>>temp = a
>>>a = b
>>>b = temp
```

显然这种方式非常麻烦,Python 语言提供了一种优雅的解决方案——元组赋值。

```
>>>1, 3                                 #用逗号隔开的值被视作元组
(1, 3)
>>>a = 1
>>>b = 2
>>>a, b = b, a                          #元组赋值
>>>a                                    #a 与 b 的值发生了互换
2
>>>b
1
```

---

① 查找的元素不存在时,会抛出异常。关于异常,请参见本书第 9 章。

```
>>>a, b = 3, 2, 4                           #错误,左边的变量个数与右边值的个数不相等
>>>addr = "whui@qq.com"
>>>username, domain = addr.split('@')       #元组赋值
>>>username
'whui'
>>>domain
'qq.com'
```

元组的排序只能使用 Python 语言的内置函数 sorted(),而不能使用 sort()方法,因为后者执行的是原地排序。

```
>>>t = ('b', 'a', 'c')
>>>sorted(t)                    #默认执行升序排列
['a', 'b', 'c']                 #返回值是列表,不是元组
>>>sorted(t, reverse=True)      #降序排序,参数 reverse 的默认值为 False
['c', 'b', 'a']
>>>tuple(sorted(t))             #强制转换为元组
('a', 'b', 'c')
>>>t                            #原来的元组不变
('b', 'a', 'c')
```

2.3 布尔型

布尔型的值只有两个:True 和 False。布尔型是整数的子类型。所有的非零值都等价于[1] True,而所有的零值[2]则等价于 False。

```
>>>bool(1)
True
>>>bool(1.3)
True
>>>bool(2+3j)
True
>>>bool("hello")
True
>>>bool([1, 5, 2])
True
>>>bool(0)
False
>>>bool(0.0)
```

---

[1] 等价于与等于的意思不同。
[2] 除了 0、0.0、0+0j,零值还包括空字符串、空列表、空元组等;非零值有无数个。

```
False
>>>bool(0+0j)
False
>>>bool('')                          #空字符串,不是空格' '
False
>>>bool([])                          #空列表,等价于bool(list())
False
>>>bool(tuple())                     #空元组,等价于bool(())
False
```

反过来,布尔值 True 等于 1,False 等于 0。

```
>>>print(True ==1)
True
>>>print(False ==0)
True
```

上述==是比较运算符,用于比较左右两边的值是否相等,==的相关内容将在本书的第 3 章讲解。

2.4 变量

变量是一个数值的名称。下列赋值语句创建一个变量 n 并给它赋值。

```
>>>n =17                             #创建变量 n 并给它赋值为 17
>>>pi =3.1415
>>>message ="Amazing China"
```

上述赋值语句创建变量 message 并给它赋值为字符串"Amazing China"。一个变量的类型就是它引用的值的类型。

```
>>>type(n)                           #变量 n 的类型就是它引用的整数 17 的类型
<class 'int'>                        #整型 Integer
```

在 Python 语言中定义一个变量必须遵循以下 3 个条件。
(1) 只能使用 52 个大小写英文字母、0~9 阿拉伯数字和下画线"_";
(2) 变量名不能以数字开头;
(3) 不能用 Python 解释器使用的关键字(Keyword)。

```
>>>import platform                   #导入 platform 模块
>>>platform.python_version()         #查看当前使用的 Python 版本号
'3.7.9'
>>>import keyword                    #导入 keyword 模块
>>>keyword.kwlist                    #查看 Python 使用的关键字,共计 35 个
```

```
['False', 'None', 'True', 'and', 'as', 'assert', 'async', 'await', 'break',
'class', 'continue', 'def', 'del', 'elif', 'else', 'except', 'finally', 'for',
'from', 'global', 'if', 'import', 'in', 'is', 'lambda', 'nonlocal', 'not', 'or',
'pass', 'raise', 'return', 'try', 'while', 'with', 'yield']
```

下面给出几个非法的变量名。

```
>>>1a = 5                        #变量名不能以数字开头
SyntaxError: invalid syntax
>>>a@ = 1                        #@是非法字符,不能在变量名中使用
SyntaxError: invalid syntax
>>>class = 2                     #class 是 Python 解释器使用的关键字
SyntaxError: invalid syntax
```

不建议使用中文等非英文字符定义变量名。

```
>>>人生 = 1
>>>print(人生)
1
```

下面再列举几个合法的变量名。

```
first
_test
myVar
```

注意:在 Python 语言中,变量名是大小写敏感的,num 与 Num 是两个不同的变量名。下面学习加法(+)、减法(-)、乘法(*)、除法(/)和乘方(**)5 种操作符(Operator)的使用。

```
>>>1 + 2                         #加法运算
3
>>>hour = 5
>>>hour - 1                      #减法运算
4
>>>hour * 2                      #乘法运算
10
>>>3 / 2                         #除法运算
1.5                              #注意与 C 语言的运算结果不同
>>>2 ** 3                        #乘方运算,计算 2 的 3 次方
8
```

操作符作用的对象叫作操作数(Operand),如在 2 ** 3 中 2 和 3 都是操作数。由数值、变量和运算符组成的式子叫作表达式(Expression)。单独的一个数值和变量也是表达式。例如,下面的 3 个式子都是表达式。

```
10
x                                    #假如变量 x 已被赋值
x +10
```

语句(Statement)是可以被 Python 解释器执行的代码单元。

```
>>>print("Hello")                    #print 语句
Hello
>>>a =5                              #赋值语句
```

表达式也是一种语句,两者的区别在于表达式有值而语句没有值。
字符串不能执行数学运算,即使它看起来像数值也不行。

```
>>>"pig" / "dog"                     #错误
>>>'2' -'1'                          #错误
```

"+"操作符可用于字符串,此时它起到连接作用(Concatenation)。

```
>>>"good" +"luck"
'goodluck'
```

"*"操作符也可用于字符串,此时它执行重复操作。

```
>>>'good' * 3
'goodgoodgood'
```

2.5 集合

Python 语言的集合概念与数学的集合概念是一致的。集合中的元素不允许重复,并且没有前后顺序关系。大括号"{}"或函数 set()都可用来创建集合。注意:要创建一个空集合,必须使用 set()函数,而不能用大括号"{}",因为后者创建的实际上是一个空字典(参见2.6 节)。

```
>>>st =set()                         #创建一个空集合 st
>>>st
set()
>>>st ={1, 5, 7, 3}                  #创建非空集合 st
>>>type(st)                          #变量 st 的类型为集合
<class 'set'>
```

集合的基本用途包括成员资格测试和消除重复元素。

```
>>>basket ={'apple', 'orange', 'apple', 'pear'}
>>>basket                            #用重复元素 apple 赋值
```

```
{'orange', 'pear', 'apple'}              #只剩一个apple元素,重复元素被删除
>>>'apple' in basket                     #元素apple属于集合basket
True
>>>'lemon' in basket                     #元素lemon不属于集合basket
False
```

集合支持并(Union)、交(Intersection)、差分(Difference)和对称差分(Symmetric Difference)等运算。

```
>>>st1 = {1, 2, 3}
>>>st2 = {2, 3, 4}
>>>st1 | st2                             #求并集
{1, 2, 3, 4}
>>>st1.union(st2)                        #求并集的另一种方式
{1, 2, 3, 4}
>>>st1 & st2                             #求交集
{2, 3}
>>>st1.intersection(st2)                 #求交集的另一种方式
{2, 3}
>>>st1 - st2                             #求差集
{1}
>>>st1.difference(st2)                   #求差集的另一种方式
{1}
>>>st1 ^ st2                             #求对称差集
{1, 4}
>>>st1.symmetric_difference(st2)         #求对称差集的另一种方式
{1, 4}
```

集合的元素不能通过下标访问,因此它无法实现切片操作。集合不支持加法和乘法运算。为集合增加元素需要使用add()方法。

```
>>>st = {3, 1}
>>>st
{1, 3}
>>>st.add(2)
>>>st
{1, 2, 3}
```

删除集合元素可以使用pop()、discard()、remove()或clear()方法。

```
>>>st = {2, 1, 3, 12}
>>>st.pop()                              #从集合中随机删除并返回一个元素
1
>>>st
{2, 3, 12}
```

```
>>>st.remove(12)                    #从集合中删除指定的元素 12
>>>st
{2, 3}
>>>st.discard(2)                    #从集合中删除指定的元素 2
>>>st
{3}
```

集合为空时,使用 pop()方法会抛出异常。当删除集合中并不存在的元素时,remove()方法会抛出异常。discard()方法在上述两种情况下,都不会抛出异常。

```
>>>st                               #空集合 st
set()
>>>st.pop()                         #抛出异常
Traceback (most recent call last):
  File "<pyshell#16>", line 1, in <module>
    st.pop()
KeyError: 'pop from an empty set'
>>>st
{2, 3}
>>>st.remove(5)                     #集合 st 中没有元素 5,抛出异常
Traceback (most recent call last):
  File "<pyshell#19>", line 1, in <module>
    st.remove(5)
KeyError: 5
```

clear()方法的功能是清空集合,即删除集合中的所有元素。

```
>>>st
{2, 3}
>>>st.clear()
>>>st                               #集合 st 为空
set()
```

在集合中查找元素,就是上文中提到的"成员资格测试",使用关键字 in 即可。

```
>>>basket
{'orange', 'pear', 'apple'}
>>>'apple' in basket
True
>>>'apple' not in basket
False
```

修改集合的元素只能通过删除和添加的方式实现。另外,验证集合之间是否存在子集与超集的关系,可使用 issubset()和 issuperset()方法。验证两个集合是否相交使用

isdisjoint()方法。读者可使用 dir()查看集合所支持方法的完整列表。

```
>>>dir(set())                              #输出结果：略
```

将一个集合赋值给另一个变量的操作是有风险的[①]。

```
>>>s1 = {1, 5, 2}
>>>s2 = s1
>>>s1.clear()                              #清空集合 s1
>>>s2                                      #集合 s2 也被清空了
set()
```

这种情况的发生是由于 Python 解释器的存储策略导致的，如图 2-4 所示。

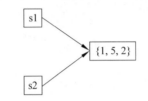

图 2-4　变量 s1 和 s2 的状态图

使用集合的 copy()复制方法[②]可消除这种风险。

```
>>>s1 = {1, 5, 2}
>>>s1
{1, 2, 5}
>>>s2 = s1.copy()                          #复制集合 s1，并赋值给 s2
>>>s1.clear()                              #清空集合 s1
>>>s1                                      #集合 s1 变为空集
set()
>>>s2                                      #集合 s2 不受影响
{1, 2, 5}
```

2.6　字典

字典(dictionary)是一种无序的键-值对集合，其键必须是唯一的，不能有重复的键。字典是一种映射，它将键与值关联在一起。与列表、元组等不同，字典以键作为索引，键必须不可变，因此整数、字符串、元组可用作键。

1. 创建字典

大括号"{}"或者函数 dict()都可以创建一个空字典。

---

① 列表也存在相同的问题。
② 列表和字典也存在相同的问题。两者都有 copy()方法，用于消除这种风险。

```
>>>dt ={}                              #创建一个空字典
>>>dt
{}
>>>type(dt)                            #变量 dt 的类型为字典
<class 'dict'>
>>>dt =dict()                          #另一种方式创建空字典
>>>dt
{}
```

用冒号连接字典的键和值,键-值对之间用逗号分隔。

```
>>>dt ={'one':1, 'two':2, 'three':3}
>>>dt
{'three': 3, 'one': 1, 'two': 2}
```

使用 dict()函数直接从键-值对序列构建字典。

```
>>>dict([('good', 'luck'), ('hello', 'world')])
{'hello': 'world', 'good': 'luck'}
>>>dict(good='luck', hello='world')    #另一种方式构建字典
{'hello': 'world', 'good': 'luck'}
```

fromkeys()方法也可以用于创建一个新字典。

```
>>>dt =dict.fromkeys(['b', 'a'], 1)    #键来自列表['b', 'a']的元素
>>>dt                                  #所有键有相同的值 1
{'b': 1, 'a': 1}
>>>dt =dict.fromkeys(('m', 'n'), 3)    #键来自元组('m', 'n')的元素
>>>dt                                  #所有键有相同的值 3
{'m': 3, 'n': 3}
>>>dt =dict.fromkeys([2, 1, 3])        #第 2 个参数是可选的,默认值为 None[①]
>>>dt                                  #所有键有相同的值 None
{2: None, 1: None, 3: None}
```

2. 访问字典

访问字典的元素,即键-值对。

```
>>>dt
{'one': 1, 'two': 2, 'three': 3}
>>>dt['two']                           #键 two 对应的值
2
```

访问字符串、列表、元组中的特定元素时,需要事先知道它的索引(下标)。字典通过键

---

① None 是 Python 语言的关键字,表示"空",注意不是空格。

获取对应的值,这种方式非常友好,代码的可读性高。

keys()方法返回字典的所有键;values()方法返回字典的所有值;而 items()方法返回字典的所有键-值对。

```
>>>dt
{'one': 1, 'two': 2, 'three': 3}
>>>list(dt.keys())                    #返回字典 dt 的键列表
['one', 'two', 'three']
>>>list(dt.values())                  #返回字典 dt 的值列表
[1, 2, 3]
>>>list(dt.items())                   #返回字典 dt 的键-值对列表
[('one', 1), ('two', 2), ('three', 3)]
```

字典提供了一个神奇的 get()方法,当它的第 1 个参数指定的键在字典中不存在时,该方法返回其第 2 个参数。

```
>>>dt
{'one': 1, 'two': 2, 'three': 3}
>>>dt.get('three', 'Not Exists')      #字典 dt 中存在键 three,返回其对应的值 3
3
>>>dt.get('four', 'Not Exists')       #键 four 不存在,返回 get()方法的第 2 个参数
'Not Exists'
```

3. 字典的增加操作

字典没有加法和减法运算。字典不支持切片操作。字典的增加操作,即增加一个键-值对。

```
>>>dt
{'one': 1, 'two': 2, 'three': 3}
>>>dt['four'] = 4
>>>dt
{'one': 1, 'two': 2, 'three': 3, 'four': 4}
```

也可以使用 setdefault()方法,用于返回指定键对应的值。如果字典中不存在该键,则添加该键-值对。

```
>>>dt
{'one': 1, 'two': 2, 'three': 3}
>>>dt.setdefault('two')               #字典 dt 中存在键 two,返回对应的值 2
2
>>>dt.setdefault('four', 4)           #键 four 不存在,因此添加该键-值对
4
>>>dt                                 #新的键-值对已添加
{'one': 1, 'two': 2, 'three': 3, 'four': 4}
```

4. 字典的删除操作

删除字典的元素,可使用 pop()、popitem()和 clear()方法。

```
>>>dt
{'one': 1, 'two': 2, 'three': 3}
>>>dt.pop('two')                        #返回键 two 对应的值 2,同时删除这个键-值对
2
>>>dt
{'one': 1, 'three': 3}
>>>dt.pop('four')                       #键 four 不存在,抛出异常
Traceback (most recent call last):
  File "<pyshell#25>", line 1, in <module>
    dt.pop('four')
KeyError: 'four'
>>>dt.popitem()                         #返回并删除一个键-值对
('three', 3)                            #以元组的形式返回
>>>dt                                   #已删除键-值对'three': 3
{'one': 1}
```

当字典为空时,popitem()方法会抛出异常。clear()方法的功能是清空字典,即删除所有的键-值对。

```
>>>dt
{'one': 1, 'two': 2, 'three': 3}
>>>dt.clear()
>>>dt                                   #字典 dt 已空
{}
```

另外,还可以使用关键字 del 删除字典的元素。

```
>>>dt
{'one': 1, 'two': 2, 'three': 3}
>>>del dt['two']
>>>dt
{'one': 1, 'three': 3}
```

在默认情况下,字典的查找操作是在"键"上进行的。

```
>>>dt
{'one': 1, 'two': 2, 'three': 3}
>>>'three' in dt
True
>>>'four' not in dt
True
>>>dt
{'one': 1, 'two': 2, 'three': 3}
>>>dt['two']=100                        #修改键 two 对应的值
```

```
>>>dt
{'one': 1, 'two': 100, 'three': 3}
```

Python 的内置函数 len() 可以计算字典的长度:

```
>>>dt
{'b': 3, 'a': 2}
>>>len(dt)
2
```

5. 可哈希

整数、字符串和元组都是不可变的,或者说是可哈希的(Hashable),因此都可以用作字典的键;而列表、集合和字典是可变的,或者说不是可哈希的,因此不能用作字典的键。下面举例说明列表是不可哈希的。

```
>>>t =[1, 5, 7, 3]
>>>id(t)
52120192
>>>t.sort()                    #默认为升序排列
>>>t                           #列表 t 中元素的顺序发生了改变
[1, 3, 5, 7]
>>>id(t)                       #可是其存储地址却没有改变
52120192
>>>t.append(5)
>>>t                           #列表 t 中的元素也发生了改变
[1, 3, 5, 7, 5]
>>>id(t)                       #其存储地址依然没有改变
52120192
```

由上述示例可知,列表确实是不可哈希的。一种数据类型,如果能够做到"同值同址,不同值不同址",那么它就是可哈希的。可以使用 hash() 函数判断一个对象是否可哈希。

```
>>>t =[1, 7, 5, 3]
>>>hash(t)                     #发生错误!列表不可哈希
Traceback (most recent call last):
  File "<pyshell#12>", line 1, in <module>
    hash(t)
TypeError: unhashable type: 'list'
```

2.7 基本的输入输出函数

1. input() 输入函数

功能:用于从控制台(Console)获取用户的输入信息(直至遇到回车换行符)。无论用户输入的内容是什么,input() 函数都会以字符串的形式返回输入的内容。input() 函数还可以包含一些提示信息。

```
<变量>=input(<提示信息>)
>>>a = input("请输入一个整数：")        #提示信息可以省略,此时 a = input()
请输入一个整数：5
>>>a
'5'
>>>a = input("请输入一行实数,以逗号间隔：")
请输入一行实数,以逗号间隔：1, 2, 1.5
>>>a
'1, 2, 1.5'
```

2. print()输出函数

功能：用于输出运算结果。常见的用法有以下3种。

(1) 用于输出单个数值,如字符串、常量、变量等。

```
print(<待输出的单个数值>)
>>>a = 5
>>>print(a)
5
>>>print(10)
10
>>>print("不忘初心、牢记使命！")
不忘初心、牢记使命！
```

(2) 用于输出多个数值,如字符串、常量、变量等。

```
print(<值 1>, <值 2>, ... , <值 N>)
>>>print(1, 2)
1 2
>>>print("I", " love", " China")
I love China
>>>a, b = 1, 2
>>>print(a, b)
1 2
```

(3) 按照字符串模板输出运算结果,此时需要与 format()函数配合使用。

```
>>>a, b = 5, 6
>>>print("{}和{}的乘积是{}".format(a, b, a * b))
5 和 6 的乘积是 30
```

在上述代码中"{}和{}的乘积是{}"是输出字符串模板,{}叫槽(Slot)。槽的编号默认从左到右依次为 0,1,2,…。也就是说,该输出字符串模板的完整形式是"{0}和{1}的乘积是{2}",其中,"{0}""{1}""{2}"将分别被变量 a、b 和 a * b 的值所代替。

```
>>>print("{1}和{0}的乘积是{2}".format(a, b, a*b))
6和5的乘积是30                          #输出结果发生了细微变化
print()函数的原型: print(value, ..., sep=' ', end='\n', file=sys.stdout, flush=
False)
```

此处暂时不用管 file 和 flush 这两个参数的作用。参数 sep 是输出的多个数值之间的分割符(Separator);参数 end 是在输出的末尾添加的符号,其默认值为回车换行符。

```
>>>a =24
>>>print(a, end='.')                    #以英文的句号结尾
24.
>>>print(a, end='%')                    #以百分号结尾
24%
>>>print(1, 2, 3, sep=':', end="#")     #以:分隔三个输出值1、2和3,并以#结尾
1:2:3#
```

3. eval()评估函数(Evaluate)

功能:eval(s)去掉字符串 s 最外层的引号,然后执行 s。

```
<变量>=eval(<字符串>)
>>>a =eval("1.2")
>>>a
1.2
>>>a =eval("1.2+3.4")
>>>a
4.6
>>>x =3
>>>eval("x * * 2")
9
>>>a =eval("fun")                       #变量 fun 未定义
Traceback (most recent call last):
  File "<pyshell#8>", line 1, in <module>
    a =eval("fun")
  File "<string>", line 1, in <module>
NameError: name 'fun' is not defined
>>>fun =12                              #定义变量 fun 并赋值
>>>a =eval("fun")
>>>a
12
```

eval()函数经常与 input()函数配合使用,以获取用户的输入。

```
<变量>=eval(input(<提示性文字>))
>>>num =eval(input("请输入一个数值: "))
```

```
请输入一个数值：5
>>>print(num * * 2)
25
```

2.8 小结

本章讲述了 Python 语言的数据类型：数值型、序列型、布尔型、集合和映射型。数值型又细分为整数、浮点数和复数。序列型包括字符串、列表和元组。布尔值只有 True 和 False。映射型只有字典。有时也将列表、元组、集合和字典统称为四种数据容器。在数值部分，讲述了各种运算符和运算函数；在字符串部分，讲述了字符串操作符、各种处理函数和方法；另外还涉及各种数据类型的相互转换。本章的重点是字符串以及四种数据容器的熟练使用；难点是切片以及选择恰当的数据容器解决实际问题。

练习题 2

1. 使用数值运算函数计算。
 （1）求－5 的绝对值。
 （2）求复数 8＋6j 的实部、虚部和模。
 （3）将 3.1415926 进行四舍五入，结果保留 3 位小数。
 （4）求一组数据 1,7,4,8,10,3 中的最大值和最小值。
2. 已知字符串 goodluck,请输出其中的第 4 个字符 d 和最后一个字符 k。
3. 已知字符串 goodluck,请输出其中的子串 od。
4. 已知字符串 god,请将其逆序输出。
5. 计算字符串 Amazing 和"辉煌中国"的长度。
6. 判断 L 是不是字符串 Hello 中的字符。
7. 求汉字"和"的 Unicode 码。
8. 求 Unicode 码 22825 对应的字符。
9. 将字符串 Good 和 Luck 拼接成 Good Luck(注意中间有一个空格)。
10. 使用字符串 Good 生成一个新的字符串 GoodGoodGood。
11. 将字符串"1,2,3"切分开,得到一个列表。
12. 计算子串 ab 在字符串 abcab 中出现的次数。
13. 写出表达式":".join('hello world'.split())的执行结果。
14. 写出表达式":".join('a b c d'.split(maxsplit＝2))的执行结果。
15. 已知字符串 s ＝ "god",则 s[::－1]的值是什么？
16. Python 语言的注释分几种？分别是什么？
17. 转义字符的功能是什么？反斜杠除了作为转义字符,还有什么作用？
18. 请至少写出 4 个转义字符。
19. 序列型数据包括几种？分别是什么？
20. 怎样查看列表支持的所有方法？

21. 列表的 copy() 方法有何作用？
22. 已知列表 lt ＝ [4，3]，请在元素 3 的前面添加元素 1。
23. 已知列表 lt ＝ [4，3]，只用一条语句在该列表中添加元素 2 和 3。
24. 写出删除列表元素的两种方法。
25. 已知列表 lt ＝ [1，5，3，2]，只用一条语句删除其中的元素 1 和 3。
26. Python 语言的数据类型可分为两类，分别是什么？
27. 已知 a ＝ 3，b ＝ 2，只用一条语句将 a 和 b 的值互换。
28. 集合的基本用途包括几种？分别是什么？
29. 已知集合 st1 ＝ {1，3}，st2 ＝ {3，2}，写出 st1.difference(st2) 的执行结果。
30. 使用两种方法，将列表 lt ＝ [1，5，2] 中的元素降序排列。
31. 已知字典 dt ＝ {'b':3，'c':2}，怎样得到该字典的键组成的列表。
32. 怎样得到十进制数 60 对应的十六进制数？
33. 已知字典 dt ＝ {'b':3，'c':2}，执行代码 result ＝ dt.get('b'，5) 后，变量 result 的值是多少？
34. 编程实现输出结果 1＊＊2＊＊3♯。
35. 已知字典 dt ＝ {"one":1，"two":2，"three":3}：
(1) 得到字典 dt 的键列表，并将其按降序排列 ['two'，'three'，'one']；
(2) 得到字典 dt 的值列表，并将其按升序排列 [1，2，3]。

第 3 章 运算符

在 Python 中,运算符(operator)是一种特殊的符号,表示应该执行某种计算。运算符作用的对象称为操作数(operand)。

```
>>> a = 1
>>> b = 2
>>> a + b                              #"+"叫作运算符,变量 a 和 b 叫作操作数
3
```

用运算符和括号将操作数连接起来的、符合 Python 语法规则的式子,称为表达式(expression),如 a+b−5。

本章讲述 5 种运算符,它们分别是算术运算符、比较运算符、逻辑运算符、位运算符和恒等运算符。

教学课件

3.1 算术运算符

Python 语言中一共有 9 个算术运算符,如表 3-1 所示。

表 3-1 算术运算符

运算符	类别	意义	示例	说明
+	一元	正号	+a	正号
+	二元	求和	a + b	求 a 与 b 的和
−	一元	负号	−a	负号
−	二元	求差	a − b	求 a 和 b 的差
*	二元	乘法	a * b	求 a 和 b 的乘积
/	二元	除法	a / b	求 a 除以 b 的值,结果为浮点数
%	二元	求余数	a % b	求 a 除以 b 的余数
//	二元	求整商	a // b	求 a 除以 b 的商(下取整)
**	二元	幂运算	a ** b	求 a 的 b 次幂

```
>>> a = 3
>>> b = 2
>>> +a
3
>>> -a
-3
>>> a + b
5
>>> a - b
1
>>> a * b
6
>>> a / b
1.5
>>> a % b
1
>>> a ** b
9
```

注意：(1) 除法运算的结果总是一个浮点数。

```
>>> 6 / 3                           #结果不是 2 而是 2.0,与 C 语言不同
2.0
>>> 5 / 2                           #与 C 语言不同
2.5
```

(2) 求整商"//"的计算结果。

```
>>> 5 // 2                          #2.5 下取整为 2
2
>>> 5 // -2                         #-2.5 下取整为-3
-3
>>> -5 // 2                         #-2.5 下取整为-3
-3
>>> -5 // -2                        #2.5 下取整为 2
2
```

n ％ m 的计算结果是 [0, m-1]。求余运算的一个应用场景是求一个多位数各个数位上的数字。

```
>>> num = 351
>>> num % 10                        #得到 num 个位上的数字
1
>>> num // 100                      #得到 num 百位上的数字
3
```

```
>>> num // 10 % 10                          #得到 num 十位上的数字
5
```

Python 语言的内置函数 divmod(),可以同时计算整商和余数;函数 pow()用来执行幂运算。

```
>>> a, b = divmod(41, 7)
>>> a                                       #a = 41 // 7
5
>>> b                                       #b = 41 % 7
6
>>> pow(5, 2)                               #相当于计算 5 ** 2,求幂(Power)
25
>>> pow(5, 2, 3)                            #相当于计算 5 ** 2 % 3
1
```

3.2 比较运算符

Python 语言中一共有 6 个比较运算符,如表 3-2 所示。

表 3-2 比较运算符

运算符	意义	示例	说明
==	等于	a == b	如果 a 等于 b,则结果为 True;否则为 False
!=	不等于	a != b	如果 a 不等于 b,则结果为 True;否则为 False
<	小于	a < b	如果 a 小于 b,则结果为 True;否则为 False
<=	小于或等于	a <= b	如果 a 小于或等于 b,则结果为 True;否则为 False
>	大于	a > b	如果 a 大于 b,则结果为 True;否则为 False
>=	大于或等于	a >= b	如果 a 大于或等于 b,则结果为 True;否则为 False

```
>>> a = 1
>>> b = 2
>>> a == b
False
>>> a != b
True
>>> a <= b
True
>>> a >= b
False
```

有些浮点数在计算机内部不能精确地存储。

```
>>> x = 1.1 + 2.2
>>> x == 3.3                    #不能精确存储,导致两者不相等
False
```

因此,确定两个浮点数是否"相等"的首选方法,是在给定误差(Tolerance)的情况下,计算它们是否彼此接近。

```
>>> tolerance = 0.00001
>>> x = 1.1 + 2.2
>>> abs(x - 3.3) < tolerance    #求绝对值函数 abs()
True
```

此时可以认为 x 等于 3.3。

3.3 逻辑运算符

Python 语言中一共有 3 个逻辑运算符,如表 3-3 所示。

表 3-3 逻辑运算符

运算符	示 例	说 明
not	not x	如果 x 为 False,则结果为 True;否则结果为 False
or	x or y	如果 x 和 y 都为 False,则结果为 False;否则结果为 True
and	x and y	如果 x 和 y 都为 True,则结果为 True;否则结果为 False

在计算逻辑表达式的值时,并不是所有的表达式都会被执行。只有在必须执行下一个表达式才能得到最终的值时,才会执行这个表达式,否则不执行该表达式,这种特性叫作短路求值(Short-Circuit Evaluation)。

```
>>>x =1
>>>not x <2                    #x <2 为 True,因此结果为 False
False
>>>x <2 or 0 >1                #x <2 为 True,因此结果为 True
True                           #短路求值,不执行第 2 个表达式 0 >1
>>>x <0 or 2 <1                #x <0 为 False,2 <1 为 False,因此结果为 False
False
>>>x <0 and 2 >1               #x <0 为 False,因此结果为 False
False                          #短路求值,不执行第 2 个表达式 2 >1
>>>x >0 and 2 >1               #x >0 为 True,2 >1 为 True,因此结果为 True
True
```

下列所有数据都等价于 False。

(1) 布尔值 False;

(2) 任何零值,如 0、0.0、0+0j;

(3) 空字符串；
(4) 空列表、空元组、空集合、空字典；
(5) None。

```
>>>bool(0), bool(0.0), bool(0+0j)      #0、0.0 和 0+0j 都为 False
(False, False, False)
>>>bool(-1), bool(1.1), bool(1+1j)     #-1、1.1 和 1+1j 都为 True
(True, True, True)
>>>bool(''), bool(None), bool(False)   #空字符串''、None 和 False 都为 False
(False, False, False)
>>>bool("fun"), bool(' ')              #字符串 fun 和空格' '都为 True
(True, True)
>>>bool(list())                        #空列表 list()为 False
False
>>>bool(tuple())                       #空元组 tuple()为 False
False
>>>bool(set())                         #空集合 set()为 False
False
>>>bool(dict(),                        #空字典 dict()为 False
False
```

下列逻辑表达式中使用了非布尔操作数。

```
>>>x = 1
>>>y = 2
>>>x and y
2
>>>x or y                              #短路求值,因为 x 等价于 True
1
>>>bool(x)                             #x 的值为 1,等价于 True
True
>>>not x
False
>>>x = 0.0
>>>y = 1.1
>>>x and y                             #短路求值
0.0
>>>x or y
1.1
>>>bool(x)                             #x 的值为 0.0,等价于 False
False
>>>not x
True
```

在某些情况下,利用短路求值可以编写出既简洁又高效的代码。假如有两个变量 a 和 b,想要知道表达式 b / a 是否大于 0,代码如下：

```
>>> a = 2
>>> b = 1
>>> (b / a) > 0
True
```

考虑到 a 可能为 0，此时会引发 Python 解释器抛出异常。

```
>>> a = 0
>>> b = 1
>>> (b / a) > 0
Traceback (most recent call last):
  File "<pyshell#136>", line 1, in <module>
    (b / a) > 0
ZeroDivisionError: division by zero
```

为了避免发生异常，可以这样修改代码：

```
>>> a != 0 and (b / a) > 0
False
```

当 a 为 0 时，a != 0 为 False，短路求值特性确保第 2 个表达式 (b / a) > 0 不被执行，从而避免引发异常。实际上，上述代码还可以编写得更简洁。当 a 为 0 时，a 本身就等价于 False，因此不需要显式地比较 a != 0。

```
>>> a and (b / a) > 0              #a 非 0 时，才会执行第 2 个表达式
0
```

3.4 位运算符

位运算符将操作数看作二进制数字序列，并对其逐位操作。Python 语言支持的位运算符如表 3-4 所示。

表 3-4 位运算符

运算符	示 例	意 义	说 明
&	a & b	按位与	对应位的与运算，只有两者都是 1，才为 1；否则为 0
|	a | b	按位或	对应位的或运算，只要有一个为 1，则为 1；否则为 0
~	~a	按位取反	将每一位都逻辑求反，如果为 0，则为 1；如果为 1，则为 0
^	a ^ b	按位异或	对应位的异或运算，如果两者不同，则为 1；否则为 0
>>	a >> n	按位右移	将每一位都向右移动 n 位
<<	a << n	按位左移	将每一位都向左移动 n 位

```
>>> 0b1100 & 0b1010
```

```
8
>>> bin(8)                          #将十进制数 8 转换为二进制数
'0b1000'
>>> 0b1100 | 0b1010
14
>>> bin(14)                         #将十进制数 14 转换为二进制数
'0b1110'
>>> 0b1100 ^ 0b1010
6
>>> bin(6)                          #将十进制数 6 转换为二进制数
'0b110'
>>> 0b1100 >>2
3
>>> bin(3)
'0b11'
>>> 0b1100 <<2
48
>>> bin(48)
'0b110000'
>>> ~0b1100                         #二进制数 1100 等于十进制数 12
-13                                 #因此~12 等于-13
>>> bin(-13)
'-0b1101'
```

读者可以验证一下~12 等于-13 这一事实。注意,数据在计算机内部是以补码的形式存储的。

3.5 恒等运算符

Python 提供了两个恒等运算符(identity operator)is 和 is not,用于确定两个操作数是否恒等,即引用同一个对象。下面是两个相等但不相同的对象(不恒等)。

```
>>> x = 1001
>>> y = 1000+1
>>> print(x, y)
1001 1001
>>> x == y
True
>>> x is y
False
>>> y is x
False
```

变量 x 和 y 都指向值为 1001 的对象,它们是相等的,但它们引用的不是同一个对象,这可以使用 id()函数进行验证。

```
>>> id(x)
2685066139824
>>> id(y)
2685066141040
```

由上述可知,变量 x 的标识为 2685066139824,而变量 y 的标识为 2685066141040,显然两者引用的不是同一个对象。

当执行 y=x 这样的赋值操作时,Python 只创建对同一个对象 x 的第二个引用 y。

```
>>> a = "just for test"
>>> b = a
>>> id(a)
2685066109872
>>> id(b)
2685066109872                    #变量 a 和 b 指向同一段内存地址
>>> a is b                       #变量 a 和 b 指向同一个对象
True
>>> a == b                       #变量 a 和 b 的值相等
True
```

运算符 is not 与 is 的逻辑功能相反。

```
>>> x = 5
>>> y = 10
>>> x is not y
True
```

3.6 运算符的优先级

在求解表达式的值时,必须按照运算符的优先级以从高到低的顺序执行(括号除外)。表 3-5 按照优先级从低到高的顺序列出 Python 的部分运算符。

表 3-5 运算符的优先级

运 算 符	说 明
or	逻辑或
and	逻辑与
not	逻辑非
==,!=,<,<=,>,>=,is,is not	优先级相同
|	按位或

续表

运算符	说明
^	按位异或
&	按位与
<<,>>	按位左移、按位右移
+,-	加、减
*,/,//,%	乘、除、求整商、求余数
+x,-x,~x	正号、负号、按位取反
**	幂运算

```
>>> 2 * 3 ** 2 * 4              #先计算 3 ** 2,然后自左向右按顺序计算
72
```

可以使用小括号改变运算符的执行顺序。

```
>>> 10 + 2 * 5
20
>>> (10 + 2) * 5
60
```

有时使用小括号不是想要改变计算的先后顺序,而是为了提高代码的可读性,这是一种好的编程实践,避免了记忆运算符优先级的烦恼。

```
>>> (a <10) and (b >20)         #推荐的做法,尽管小括号是多余的
>>> a <10 and b >20             #不推荐
```

3.7 复合赋值运算符

在赋值符"="之前加上其他运算符,就构成了复合赋值运算符。例如,在"="前加一个"+"运算符就构成复合赋值运算符"+="。

```
a + =1 等价于 a = a +1
a % =3 等价于 a = a %3
a ^ =5 等价于 a = a ^ 5
```

算术运算符支持此种用法。

```
+= 、-= 、* = 、/= 、%= 、//= 、**=
>>>a =2
```

```
>>>a *=3-1                    #等价于a=a * (3-1),而不是a=a * 3-1
>>>a
4
```

位运算符也支持此种用法。

```
&=、|=、^=、>>=和<<=
>>> a = 1
>>> a += 5
>>> a
6
```

3.8 小结

本章讲述了各种运算符的用法,包括算术运算符、比较运算符、逻辑运算符、位运算符等。将赋值符"="与其他运算符相结合就构成了复合赋值运算符,如"+="。另外,逻辑运算符还具有短路求值特性,利用这一特性可以编写更简洁、更高效的代码。

练习题 3

1. 编程计算下列各表达式的值。
   (1) 5 + 6
   (2) 5 - 6
   (3) 5 * 6
   (4) 10 / 4
   (5) 10 // 4
   (6) 10 % 4
   (7) 2 ** 4

2. 使用 divmod() 函数计算 5 除以 3 的整商和余数。

3. 分别使用两种方法计算 5 的 3 次幂。

4. 已知 x = 3,执行 x *= 2 + 1 语句后 x 的值等于_____。

5. 如果数据在计算机内部用 1 字节存储,则 -5 的补码为_____。

6. 代码 5 > 3+2 的执行结果是_____。

7. 请举例说明短路求值特性。

8. 代码 (0.4−0.1) == 0.3 的执行结果是什么? 为什么会有这样的结果?

9. 请写出下列各表达式的值。
   (1) bool(1.0+1.0j)   (2) bool(0.0)   (3) bool(None)
   (4) bool(list())   (5) bool('hello')   (6) bool(1)

10. 已知 x = 5, y = 3, 求下列各表达式的值。

(1) x or y　　　　　　　(2) x and y　　　　　　　(3) not x

11. 已知 a = 0b110, b = 0b101, 求下列各表达式的值。

(1) a & b　　　　　　　(2) a | b　　　　　　　(3) a ^ b

(4) ~a　　　　　　　　(5) a >> 1　　　　　　(6) b << 1

12. 已知 a = 'hello', b = a, 求 a == b 的执行结果。

13. 写出整数 254 的个位数字、十位数字和百位数字的表达式。

第 4 章 控制结构

控制结构包括选择结构和循环结构,其中选择结构又包括单分支结构、双分支结构和多分支结构;循环结构包括 for 循环和 while 循环。

程序源码

教学课件

4.1 选择结构

选择结构有 3 种使用形式,分别是单分支结构、双分支结构和多分支结构。首先学习单分支结构,其一般形式如下。

```
if <条件>:
    <语句块>
>>> a = 6
>>> if a > 5:
    print("a > 5")
```

程序的输出结果如下。

```
a > 5
```

第二种是双分支结构,其一般形式如下。

```
if <条件>:
    <语句块 1>
else:
    <语句块 2>
```

示例如下。

```
a = -5
if a >0:
    sign = 1
else:
    sign = -1
print(sign)
```

上述代码的执行结果如下。

```
-1
```

第三种多分支结构,其一般形式如下。

```
if <条件1>:
    <语句块1>
elif <条件2>:
    <语句块2>
...
else:
    <语句块N>
```

下面的程序获取用户输入的一个百分制成绩,然后将其转换成五分制,输出对应的 A、B、C、D、E 等级。

```
score = eval(input("请输入一个百分制成绩:"))
if score >= 90.0:
    grade = "A"
elif score >= 80.0:
    grade = "B"
elif score >= 70.0:
    grade = "C"
elif score >= 60.0:
    grade = "D"
else:
    grade = "E"
print("对应的五分制成绩:", grade)
```

运行上述代码,输入 70,观察程序的输出结果:

```
>>>
请输入一个百分制成绩:70
对应的五分制成绩:C
```

再看一个例子:

```
num = eval(input("请输入一个数:"))
if(type(num) == type(1)):
    print("输入的数据是整数。")
elif(type(num) == type(1.0)):
    print("输入的数据是浮点数。")
else:
    print("输入的数据不是整数或浮点数。")
```

上述代码中 type(1) 代表整数类型，type(1.0) 代表浮点数类型，此处的 1 和 1.0 是从它们所代表的数据类型中任意选取的。

程序的一次运行结果：

```
请输入一个数:100
输入的数据是整数。
```

4.2 循环结构

Python 语言提供了两种循环结构，分别是 for 循环和 while 循环。首先看 for 循环的用法，示例如下。

```python
words = ['I', 'love', 'China']
for word in words:
    print(word, len(word))
```

程序的输出结果如下。

```
I 1
love 4
China 5
```

上述循环的执行过程：变量 word 依次获取 words 列表中的元素，然后进行相关处理。
再看一个例子：

```python
>>> for char in "Python":
    print(char, end=' ')
```

程序的输出结果如下。

```
P y t h o n
```

此处讲解一下 Python 语言的内置函数 range()，它可以用来产生一组数据，其完整的使用形式为 range(start，stop，step)。其中，start、stop 和 step 分别表示一组数据的起点（默认值为 0）、终点（不包括）和步长（默认值为 1）。下面给出几个例子。

```python
range(5)                #生成 0、1、2、3、4 共五个整数
range(5, 10)            #生成 5、6、7、8、9 共五个整数
range(0, 10, 3)         #生成 0、3、6、9 共四个整数
```

将 range 与 len() 函数结合使用，代码如下。

```python
>>> a = ['Mary', 'had', 'a', 'little', 'lamb']
>>> for i in range(len(a)):
    print(i, a[i])
```

程序的输出结果如下。

```
0 Mary
1 had
2 a
3 little
4 lamb
```

下面讲解 for 循环的使用。for 循环还有一种扩展形式,即与 else 分支搭配使用。当 for 循环正常结束后,程序会继续执行 else 分支中的语句。

```
for i in range(1, 5):
    print(i)
else:
    print('从 else 退出 for 循环')
```

程序的输出结果如下。

```
1
2
3
4
从 else 退出 for 循环
```

接着学习 while 循环。首先看一个例子:

```
num = 1
while num < 6:
    print(num)
    num += 2
```

程序的输出结果如下。

```
1
3
5
```

与 for 循环一样,while 循环也有一种扩展形式,即与 else 分支搭配使用。当 while 循环正常结束时,程序会继续执行 else 分支中的语句。for 循环适用于循环次数已知的情况;而 while 循环适用于循环次数未知的情况。

4.3　break 语句和 continue 语句

与 C 语言一样,break 语句能够提前结束包含它的 for 循环或 while 循环的执行过程。

```
for i in range(1, 5):
    if i == 3:
        break
    print(i)
```

上述代码的输出结果:

```
1
2
```

由于 break 语句的存在,程序并没有输出 1~4 的所有整数,只输出了 1 和 2。另外,如果 for 循环或 while 循环是被 break 语句终止执行的,而不是正常结束的,那么与它们搭配使用的 else 分支将不被执行。

```
for i in range(1, 10):
    if i == 5:
        break
    print(i)
else:
    print("break语句使得else分支不被执行!")
```

上述代码的输出结果:

```
1
2
3
4
```

for 循环和 while 循环可以嵌套使用,也就是说循环中还可以再包含一个或多个循环,这种类型的循环叫作两重循环或多重循环。下列代码输出 2~10 的所有素数(除了 1 和自身,不能被小于它的整数整除)。

```
for n in range(2, 10):          #n 的取值依次为 2、3、4、5、6、7、8、9
    for x in range(2, n):       #x 的取值从 2,3,…,n-1
        if n % x == 0:          #检验 n 是否能被 x 整除
            break               #整除时提前终止内层的 for 循环
    else:                       #内层的 for 循环正常结束时,执行该 else 分支
        print(n)
```

上述代码的输出结果:

```
2
3
5
7
```

上述代码是一个二重循环的例子。

下面继续学习 continue 语句的使用。与 break 语句的使用方法类似，continue 语句也常常与 for 循环或 while 循环搭配使用。不同之处在于，continue 语句只是提前结束当前循环的执行，直接进入下一轮循环。

```
for i in range(4, 8):                    #变量 i 依次取值为 4、5、6、7
    if i == 5:
        continue
    print(i)
else:
    print("continue 语句的存在,不影响程序的正常结束!")
```

上述代码的输出结果(只是没有输出 5)：

```
4
6
7
continue 语句的存在,不影响程序的正常结束
```

下面是一个无限循环的例子：

```
>>> while True:
        pass                             #用 Ctrl +C 组合键中断程序的执行
```

上述代码中的 pass 语句不执行任何实际操作，仅起到占位符的作用。

4.4 应用举例

1. 列表推导式

列表推导式(Comprehension)提供了创建列表的一种简便方法。

```
>>> x = [i for i in range(5)]
>>> x
[0, 1, 2, 3, 4]
```

下列代码得到[0,4]内所有整数的平方。

```
>>> squares = []
>>> for x in range(5):
        squares.append(x ** 2)
>>> squares
[0, 1, 4, 9, 16]
```

用列表推导式实现上述功能。

```
>>> squares = [x ** 2 for x in range(5)]
>>> squares
[0, 1, 4, 9, 16]
```

由此可见，列表推导式的用法非常简洁。

```
>>> [ x for x in range(10) if x %2==0 ]        #注意有 if 条件判断
[0, 2, 4, 6, 8]
>>> [x +y for x in [0, 2] for y in [1, 3]]
[1, 3, 3, 5]
```

上述代码等价于：

```
odd = []
for x in [0, 2]:
    for y in [1, 3]:
        odd.append(x+y)
print(odd)
```

上述代码的输出结果：

```
[1, 3, 3, 5]
```

2. 集合推导式

由于种种原因，导致 Python 语言中没有元组推导式，而只有列表、集合和字典推导式。集合推导式示例如下。

```
>>>nums ={n * * 2 for n in range(5)}
>>>nums
{0, 1, 4, 9, 16}
>>>type(nums)                                   #变量 nums 的类型为集合
<class 'set'>
```

再看一个例子：

```
>>>fruits ="apple pear orange banana"
>>>fruits =fruits.split()
>>>{fruit for fruit in fruits if len(fruit) ==6}
{'orange', 'banana'}
```

3. 字典推导式

字典推导式示例如下。

```
>>>dt ={x:x* * 2 for x in (2, 4, 6)}
>>>dt
{2: 4, 4: 16, 6: 36}
```

```
>>>type(dt)                              #变量dt的类型为字典
<class 'dict'>
>>>dict1 ={'a':1, 'b':2, 'c':3, 'd':4, 'e':5}
>>>dict2 ={k:v for k, v in dict1.items() if v>2}
>>>dict2
{'e': 5, 'd': 4, 'c': 3}
```

字典dict2保留的是字典dict1中值大于2的元素(键-值对)。

4. 遍历操作(Traversal)

当使用循环结构对字典进行遍历时,在默认情况下是遍历它的键。

```
>>>dt
{'three': 3, 'four': 4, 'one': 1}
>>>for k in dt:                          #默认情况下遍历字典dt的键
    print(k)
```

上述代码的输出结果:

```
three
four
one
```

也可以明确地指出要遍历字典的键、值或元素。

```
>>>for k in dt.keys():                   #明确地指出遍历字典的键
    print(k)
```

上述代码的输出结果:

```
three
four
one
>>>for v in dt.values():                 #明确地指出遍历字典的值
    print(v)
```

上述代码的输出结果:

```
3
4
1
>>>for key, value in dt.items():         #明确地指出遍历字典的元素
    print(key, '=>', value)
```

上述代码的输出结果:

```
three =>3
```

```
four => 4
one => 1
```

使用 for 循环遍历字符串：

```
fruit = "apple"
index = 0
while index < len(fruit):
    letter = fruit[index]
    print(letter)
index = index + 1
```

上述代码的输出结果：

```
a
p
p
l
e
```

一种更简洁的实现方式如下。

```
fruit = "apple"
for char in fruit:
    print(char)
```

请读者尝试说出下列程序的输出结果：

```
word = "banana"
count = 0
for letter in word:
    if letter == 'n':
        count = count + 1
print(count)
```

4.5 小结

本章讲述了 Python 语言的控制结构，包括选择结构和循环结构。选择结构包括单分支、双分支和多分支三种形式。循环结构包括 for 循环和 while 循环，这两种循环都有一个可选的 else 分支。另外，break 和 continue 语句还可以与 for 和 while 循环配合使用，以实现复杂的程序逻辑。本章最后给出了一些应用实例，包括列表推导式、集合推导式、字典推导式和遍历操作。

练习题 4

1. 使用 for 和 while 循环分别计算 $1+2+\cdots+100$ 的值。
2. 已知 x 与 y 之间的对应关系，如表 4-1 所示。

表 4-1　x 与 y 之间的对应关系

x	$x<0$	$0\leqslant x<5$	$x\geqslant 5$
y	0	x	$3x-5$

用户输入 x 的值，程序计算并输出对应的 y 值。这个过程一直持续进行，直到用户输入字符 N（不区分大小写），程序才会退出运行。

3. 已知 word1 = 'apple'，word2 = 'orange'，请输出共同出现在这两个字符串中的字符。
4. 求列表 score 中元素的平均值。

```
score =[70, 90, 78, 85, 97]
```

5. 求 200 以内能被 13 整除的最大正整数。
6. 求 1～100 之间能被 7 整除，同时不能被 5 整除的所有整数。
7. 写出下列代码的输出结果_____。

```
s = 0
for i in range(1, 10, 2):
    s += i
print(s)
```

8. 生成一个 5～12 的整数列表，然后逆序输出。
9. 写出下列代码的输出结果_____。

```
t =[[1, 2], [3, 4], [5, 6]]
s = 0
for row in t:
    for col in range(len(row)):
        s += row[col]
print(s)
```

10. 输出 100～1000 所有的水仙花数。所谓水仙花数是指一个三位的十进制数，其各个数位上数字的立方和恰好等于该数本身。例如，153 是水仙花数，因为 $153 = 1^3 + 5^3 + 3^3$。
11. 鸡兔同笼问题：现有鸡和兔共 30 只，脚 90 只，问鸡和兔各有多少只？
12. 运行下列代码，说出程序的执行结果。

```
import turtle as t
```

```
t.setup(width=400, height=300)
t.pencolor("red")
t.pensize(2)

for i in range(5):
    t.forward(100)
    t.right(144)

t.hideturtle()
t.done()
```

13. 使用嵌套循环,按照下面的格式打印字符。

```
$
$ $
$ $ $
$ $ $ $
$ $ $ $ $
```

14. 使用嵌套循环,按照下面的格式打印字母。

```
A
BC
DEF
GHIJ
KLMNO
```

第 5 章 函 数

函数(function)是执行计算的命名语句序列。将一段代码封装为函数并在需要的位置进行调用,不仅可以实现代码的重复利用,更重要的是可以保证代码的完全一致。

5.1 函数的定义和使用

教学课件

1. 函数的定义

函数定义(definition)的语法形式:

```
def 函数名([形式参数列表]):          #[]表示可选,即一个函数可以没有形式参数
    '''docstring①'''              #函数的功能说明,也就是文档字符串
    函数体中的语句
```

Python 使用关键字 def 定义函数。关键字 def 后面有一个空格,然后是函数名,接下来是一对圆括号,圆括号里面是形式参数(formal parameter),圆括号后面是一个冒号和换行,最后是必要的注释以及函数代码。定义函数时需要注意如下几个问题:

(1) 一个函数即使不需要接收任何参数,也必须保留一对圆括号;

(2) 括号后面的冒号必不可少;

(3) 函数体(包括注释部分)相对于 def 关键字必须向右缩进一定数量的空格。

下面定义一个 add()函数,该函数接收两个形式参数 x1 和 x2。

```
def add(x1, x2):                    #函数头
    '''Return the sum of x1 and x2.'''
    return x1 + x2
```

在上述定义的 add()函数中,其函数体的第 1 行是注释,也就是文档字符串 docstring。在 Python 语言中有些工具利用 docstring 自动生成联机文档,使得用户可以方便地、交互式地浏览程序代码,如图 5-1 所示。编写代码时额外添加文档字符串 docstring 是一种好的编程实践,请注意培养这样的好习惯。

---

① docstring 代表文档字符串(documentation string)。

```
>>> def add(x1, x2):                              # 函数头
        '''Return the sum of x1 and x2.'''        # 注意缩进
        return x1 + x2

>>> add.__doc__
'Return the sum of x1 and x2.'
>>> help(add)
Help on function add in module __main__:

add(x1, x2)
    Return the sum of x1 and x2.

>>> add(
        (x1, x2)
        Return the sum of x1 and x2.
```

图 5-1 函数定义中的文档字符串

在图 5-1 中，使用 add() 函数的 __doc__ 属性可以查看在该函数的定义中添加的文档字符串，也可以使用 Python 的内置函数 help() 查看 add() 函数的使用帮助。另外，在调用 add() 函数时输入左括号，IDLE 等集成开发环境就会立即弹出该函数的使用帮助信息。

2. 函数的调用（call）

函数定义完毕并不能自动运行，只有被调用时才能运行。下面的代码用整数 1 和 2 调用 add() 函数，该函数的返回值被赋值给变量 result。

```
result = add(1, 2)
print(result)
```

程序的运行结果：

```
3
```

上述调用 add() 函数时使用的整数 1 和 2 是实际参数（actual parameter），简称实参；而在函数头使用的参数是形式参数，简称形参。形参没有具体的值，形参的值来自实参。

3. 函数的返回值（return value）

通常，定义一个函数是希望它能够返回一个或多个计算结果，这在 Python 语言中是通过关键字 return 来实现的。无论 return 语句出现在函数的什么位置，一旦被执行，它都会立即结束函数的执行过程。如果在函数的定义中没有出现 return 语句或者执行了不返回任何值的 return 语句，Python 解释器就认为该函数以 return None 语句结束，即返回一个空值（None）。下面定义的 3 个函数 demo(x, y)，它们的返回值都是 None。

```
def demo(x, y):
    x + y                              #没有 return 语句

def demo(x, y):
    Return                             #return 语句不返回任何值

def demo(x, y):
    return None
```

下面定义一个 fib() 函数,该函数能够输出任意指定范围内的斐波那契(Fibonacci)数列[①]:

```
>>>def fib(n):
   '''Print a Fibonacci series up to n.'''
   a, b = 0, 1
   while a < n:
       print(a, end=' ')              #输出 a 的值后,接着输出一个空格
       a, b = b, a+b                  #元组赋值
   print()                            #输出一个空行
>>>fib(20)                            #将 20 作为实参调用 fib() 函数
```

上述代码的输出结果:

```
0 1 1 2 3 5 8 13
```

可以将一个函数名赋值给另外一个变量,使得该变量也可以作为函数使用:

```
>>>f = fib                            #这是一种通用的重命名机制
>>>f(20)
0 1 1 2 3 5 8 13
```

由于上述定义的 fib() 函数中没有 return 语句,因此 Python 解释器会自动返回一个空值。

```
>>>print(fib(5))                      #注意对比 fib(5) 与 print(fib(5)) 的输出结果
0 1 1 2 3
None                                  #fib(5) 不输出此行
```

再看一个例子:

```
>>>def demo():
   pass
>>>print(demo())
None
```

修改上述定义的 fib() 函数,使其返回一个由斐波那契数组成的列表,而不是在该函数中打印该数列:

程序源码

```
>>>def fib2(n):
   '''Return a list containing the Fibonacci series up to n.'''
   result = []
   a, b = 0, 1
```

---

① 斐波那契数列的前两项为 0 和 1,从第 3 项开始,每一项都等于前两项之和,如 0,1,2,3,5,…。

```
        while a <n:
            result.append(a)
            a, b =b, a+b
return result
>>>f100 =fib2(100)                                  #调用fib2()函数
>>>f100                                             #输出结果
[0, 1, 1, 2, 3, 5, 8, 13, 21, 34, 55, 89]
```

5.2 函数的参数类型

在函数的定义中,形参列表的一般形式为

```
<必选参数>,…,<可选参数>=<默认值>,…
```

1. 必选参数

没有给出默认值(default value)的参数都是必选参数。在定义函数时,必选参数必须出现在可选参数的前面。例如,在下面定义的 demo()函数中,参数 x 就是一个必选参数。在调用函数时,必须给必选参数赋值。

```
def demo(x, y=5):
    pass
```

2. 可选参数

带有默认值的参数都是可选参数。在定义函数时已经给可选参数指定了默认值。因此在调用一个函数时,如果没有给可选参数提供值,那么该函数就会使用其默认值。例如,在上面定义的 demo()函数中,y 就是可选参数,因此在调用 demo()函数时,可以不给可选参数 y 提供新值。下面再定义一个函数 person()。

```
def person(name, gender='male', age=20):
    print('name:', name)
    print('gender:', gender)
    print('age:', age)
```

可以使用以下三种方式调用上述定义的 person()函数:
(1) 仅给必选参数 name 赋值,如 person('Tim');
(2) 给必选参数 name 和可选参数 gender 赋值,如 person('Tim', 'female');
(3) 给所有参数赋值,如 person('Smith', 'male', 30)。

3. 关键字参数

拥有参数名的参数都是关键字参数(这里所说的关键字不是指 Python 解释器内部定义并使用的关键字,如 if 等)。在 person()函数的定义中出现的 3 个参数都是关键字参数。使用关键字参数可以很方便地给形参赋值,而无须记住各个参数在函数定义中出现的先后顺序。下面是调用 demo()函数的各种方式。

```
demo(3)                              #正确,x 的取值 3,y 的取值 5
demo(x=3)                            #正确,x 的取值 3,y 的取值 5
demo(3, y=4)                         #正确,x 的取值 3,y 的取值 4
demo(y=4, x=3)                       #正确,x 的取值 3,y 的取值 4
demo(y=4, 3)                         #错误
```

4. 可变长度参数

在 Python 语言中,可变长度参数有两种类型:一种是用单星操作符"*"定义的;另一种是用双星操作符"**"定义的。拥有第一种可变长度参数的函数能够接收任意数量的实参,这些实参被封装成一个元组:

```
def multiply(*args):                 #arg 代表 argument(参数)
    z = 1
    for arg in args:
        z *= arg
    print(z)
```

下面调用 multiply()函数。

```
multiply(4, 5)                       #输出结果为 20
multiply(10, 9)                      #输出结果为 90
multiply(2, 3, 4)                    #输出结果为 24
```

在可变长度参数的前面,可能会出现必选参数:

```
def demo(name, *args):               #可变长度参数 args 前有一个必选参数 name
    print(name, end=', ')
    for arg in args:
        print(arg, end=' ')
demo('Jim', 'nice', 'to', 'meet', 'you!')
```

在上一行的函数调用中,name 的取值为 Jim,args 的值为元组('nice', 'to', 'meet', 'you!')。程序的输出结果如下。

```
Jim, nice to meet you!
```

再看一个例子:

```
>>>def concat(*args, sep="/"):
    return sep.join(args)
```

上述代码中的参数 sep 为可选参数,也是关键字参数。

```
>>>concat("a", "b", "c")
'a/b/c'
```

在上述代码中,可选参数 sep 取默认值"/",可变长度参数 args 的值为元组("a", "b", "c")。

```
>>>concat("one", "two", "three", sep=".")
'one.two.three'
```

在上一行的函数调用中,可变长度参数 args 的值为元组("one", "two", "three"),并且为可选参数 sep 指定了新值"."。

如果在函数形参列表的最后有一个用双星操作符"＊＊"定义的可变长度参数,那么该函数能够接收任意数量的实参,而且这些实参被封装成一个字典:

```
def print_values(**kwargs):
    for key, value in kwargs.items():
        print("The value of {} is {}".format(key, value))

print_values(my_name="Tom", your_name="Tim")
```

上述代码的执行结果:

```
The value of my_name is Tom
The value of your_name is Tim
```

注意:在函数的定义中,双星操作符"＊＊"必须出现在单星操作符"＊"的后面。

下面定义一个 demo() 函数。

```
def demo(*args, **kwargs):           # **kwargs18必须出现在*args的后面
    for arg in args:
        print(arg, end=' ')
    print()                          #输出一个回车换行
    for key, value in kwargs.items():
        print(key, '=>', value)
```

下面调用 demo() 函数。

```
demo('hello', 'world', name='Tom', age=30)
```

程序的输出结果如下。

```
hello world
name => Tom
age => 30
```

上述四种参数类型相互之间并不是互斥的关系,如可选参数同时也是关键字参数。

5. 函数参数的赋值方式

为方便读者阅读,再次给出 person() 函数的定义:

```
def person(name, gender='male', age=20):
    print('name:', name)
    print('gender:', gender)
    print('age:', age)
```

在调用函数时,如果不使用参数名给形参赋值,那么将按照实参出现的顺序依次给对应位置上的形参赋值,这种方式叫作**按位置赋值**。如下面的函数调用。

```
person('Tim')
```

执行上述代码后,形参 name 得到的值为 Tim,gender 和 age 取默认值,也就是 gender 的取值为 male,age 的取值为 20。再看下面几种函数调用。

```
person('Tim', 'female')           #name 为 Tim,gender 为 female,age 取默认值 20
person('Smith', 'male', 30)       #name 为 Smith,gender 为 male,age 为 30
```

再强调一次:必须给必选参数指定参数值。综上可知:按位置给形参赋值时,实参的出现顺序非常重要。除了按位置给形参赋值外,还可以通过指定参数名的方式给形参赋值,这种方式叫作**按关键字赋值**。如下面的函数调用。

```
person(name='Tim', gender='female')
person(gender='female', name='Tim')
person(age=22, gender='female', name='Tim')
```

很显然,按关键字赋值的优点是不用考虑实参出现的先后顺序。
也可以将这两种赋值方式混合使用:

```
person('Sue', gender='female')
```

实参 Sue 按位置给形参 name 赋值,而实参 female 按关键字给 gender 赋值。
注意:当混合使用这两种赋值方式时,一定要保证按位置赋值出现在按关键字赋值的前面。下面的函数调用是错误的。

```
person(gender='female', 'Sue')
```

在上述的函数调用中,按位置赋值应出现在前面,即 person('Sue', gender='female')。
再看两个错误的函数调用方法:

```
person('Gorge', name='Gorge')     #为同一个参数指定重复的值
person(weight=150)                #使用未知的形参 weight
```

有时只能采用按关键字赋值的方式给形参赋值,如下面定义的函数。

```
def demo(*args, name):            #可变长度参数 args 后面有一个必选参数 name
    print(name, end=', ')
```

```
    for arg in args:
        print(arg, end=' ')
```

假如按位置赋值,也就是采用下面的方式调用 demo()函数,读者可以试一试能否得到期望的输出结果。

```
demo('nice', 'to', 'meet', 'you!', 'Jim')
```

此时应该按关键字赋值:

```
demo('nice', 'to', 'meet', 'you!', name='Jim')
```

5.3 参数解包

有时实参已存储在列表、元组等数据容器中,但是函数调用却需要单独的位置参数,这时就需要使用单星操作符"*"将实参从这些数据容器中解包(unpacking)出来:

```
>>>def demo(x, y, z):
    print(x+y+z)

>>>lt =[1, 2, 3]                    #列表 lt
>>>demo(*lt)
6
>>>tu =(1, 2, 3)                    #元组 tu
>>>demo(*tu)
6
>>>st ={1, 2, 3}                    #集合 st
>>>demo(*st)
6
实参为字典时:
>>>dt ={1:'a', 2:'b', 3:'c'}
>>>demo(*dt)                        #默认使用字典的键
6
>>>demo(*dt.values())               #明确指定使用字典的值
abc
>>>list(range(3, 6))
[3, 4, 5]
>>>args =[3, 6]
>>>list(range(*args))               #解包列表,得到实参 3 和 6
[3, 4, 5]                           #执行结果相同
```

类似地,字典可以使用双星操作符"**"进行解包以便传递关键字参数:

```
>>>def person(name, gender='male', age=20):
    print('name:', name)
    print('gender:', gender)
    print('age:', age)

>>>dt={"name": "Tom", "gender": "male", "age": 40}
>>>person(**dt)
name: Tom
gender: male
age: 40
```

5.4 递归函数

简单地说,算法是解决问题的方法与步骤。递归算法(recursive algorithm)的核心思想是分治策略。分治,是"分而治之"(divide and conquer)的意思。分治策略将一个复杂问题反复分解为两个或更多个相同的,或相似的子问题,直到这些子问题可以直接求解,最后将子问题的解合并起来,就能得到原问题的解,如图 5-2 所示。

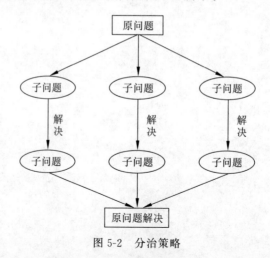

图 5-2 分治策略

在 Python 语言中,分治策略是通过递归函数实现的。一个函数在其函数体内调用它自身,这种函数叫作递归函数。递归函数由终止条件和递归条件两部分构成。下面定义一个计算阶乘的函数 factorial(n)。

```
def factorial(n):                        #factorial 是阶乘的意思
    if n <= 1:                           #终止条件
        return 1
    else:
        return n * factorial(n-1)        #递归条件
print(factorial(5))
```

上述代码的输出结果：

```
120
```

调用上述定义的 factorial(n) 函数计算 5 的阶乘，执行过程如下所示。

```
factorial(5) = 5 * factorial(4)
             = 5 * 4 * factorial(3)
             = 5 * 4 * 3 * factorial(2)
             = 5 * 4 * 3 * 2 * factorial(1)
             = 5 * 4 * 3 * 2 * 1
             = 120
```

定义计算斐波那契数列的递归函数 fib(n)：

```
def fib(n):
    """ 计算斐波那契数列,参数 n 为数列的第 n 项 """
    if n in [0, 1]:
        return n
    else:
        return fib(n-1) +fib(n-2)
for i in range(10):
    print(fib(i), end=" ")
```

上述代码的执行结果：

```
0 1 1 2 3 5 8 13 21 34
```

5.5　lambda 函数

可以使用 lambda 关键字创建小型匿名函数，如：

```
lambda x, y: x +y
```

该函数返回两个参数之和，可以像普通函数那样使用 lambda 函数。注意，lambda 函数在形式上只能是一个表达式。

```
>>>add_one =lambda x: x +1
>>>add_one(1)
2
```

用普通函数实现上述匿名函数的功能：

```
def add_one(x):
    return x +1
```

显然，匿名函数的实现代码更简练。

```
>>>f = lambda x, y=1: x * y
>>>f(2, 3)
6
>>>def make_increment(n):              #increment 增加的意思
    return lambda x: x +n              #lambda 函数是该函数的返回值

>>>f = make_increment(42)              #实际上 f = lambda x: x +42
>>>f(0)                                #相当于计算 0+42
42
>>>f(1)                                #相当于计算 1+42
43
```

上述 make_increment()函数的返回值是一个 lambda 函数。

lambda 函数的第 2 种用途是将其作为另外一个函数的参数：

```
>>>pairs =[(3, 'three'), (2, 'two'), (1, 'one')]
>>>pairs.sort(key=lambda pair: pair[1])
>>>pairs
[(1, 'one'), (3, 'three'), (2, 'two')]    #按照元组第 2 个元素的值升序排列
>>>pairs.sort(key=lambda pair: pair[0])
>>>pairs
[(1, 'one'), (2, 'two'), (3, 'three')]    #按照元组第 1 个元素的值升序排列
```

5.6　变量的作用域

变量在程序中起作用的范围称为变量的作用域。在不同作用域内出现的同名变量，相互之间是互不影响的。根据变量在程序中所处的位置和作用范围，可将变量分为局部变量(local variable)和全局变量(global variable)。

局部变量是指在函数内部(包括函数头)定义的变量，其作用范围仅限于函数内部(包括函数头)，当函数退出时该变量将不复存在。

```
>>>def multiply(x, y=10):              #形参 x 和 y 是局部变量
    z =x * y                           #z 是局部变量
    return z

>>>s =multiply(5, 2)
>>>print(s)
10
>>>print(z)                            #变量 z 未定义
Traceback (most recent call last):
  File "<pyshell#65>", line 1, in <module>
```

```
    print(z)
NameError: name 'z' is not defined
>>>print(x)                              #变量 x 未定义
Traceback (most recent call last):
  File "<pyshell#66>", line 1, in <module>
    print(x)
NameError: name 'x' is not defined
```

全局变量是指在所有函数的外部定义的变量,它在程序执行的整个过程都有效。全局变量在函数内部使用时,需要在使用之前用关键字 global 进行声明(declaration),语法格式如下。

```
global <全局变量>
>>>n = 2                                 #定义一个全局变量 n 并赋初值
>>>def multiply(x, y =10):
    global n                             #声明 n 是一个全局变量
    return x * y * n                     #使用全局变量 n

>>>s =multiply(5, 2)
>>>print(s)                              #s = x * y * n = 5 * 2 * 2
20
```

在函数内部出现的变量,如果没有使用关键字 global 进行声明,那么即使它的名字与全局变量名相同,也不是全局变量。

```
>>>n = 2                                 #定义一个全局变量 n 并赋初值
>>>def multiply(x, y=10):
    n =x * y                             #此处 n 不是全局变量,尽管它与全局变量名相同
    return n

>>>s =multiply(5, 2)
>>>print(s)                              #s = x * y = 5 * 2
10
>>>print(n)                              #n 的值没有改变,仍然是 2 而不是 10
2
```

上述规则只适用于数值型、字符串和布尔型变量。也就是说,如果在函数内部用 global 声明全局变量,则使用该全局变量;否则使用自定义的局部变量。

恰恰相反,对于列表、元组、集合和字典这四种类型的变量,如果在函数内部没有定义同名的变量,则使用全局变量;否则使用自定义的局部变量[1]。

---

[1] Python 采取这种策略,其中的一个原因是为了节省内存空间,因为这四种数据容器通常占用很大的内存空间。

```
lt =[3]                          #lt是全局变量
def func(n):
    lt.append(n)                 #lt是全局变量,这两个lt指向同一个对象
func(2)
print(lt)
```

上述代码的输出结果:

```
[3, 2]

lt =[3]                          #lt是全局变量
def func(n):
    lt =[]                       #lt是局部变量,这两个lt指向不同的对象
    lt.append(n)
func(2)
print(lt)
```

上述代码的输出结果:

```
[3]
```

5.7 小结

本章学习了函数的定义、函数的调用、函数的返回值、函数的四种参数类型、函数参数的两种赋值方式、参数解包、递归函数、lambda 匿名函数和变量的作用域等内容。通过定义函数可实现代码的重复利用,更重要的是可以保证代码的完全一致。在函数体中添加文档字符串,有助于其他编程人员了解函数的功能和使用方法。

练习题 5

1. 在 Python 语言中定义函数的关键字是_____。
2. 在函数内部使用全局变量之前,需要使用关键字_____进行声明。
3. 如果函数中没有 return 语句或者 return 语句不带任何返回值,那么该函数的返回值是_____。
4. 已知函数的定义如下,那么表达式 func(1, 2, 3, 4) 的值为_____。

```
def func(*p):
    return sum(p)
```

5. 已知函数的定义如下,那么表达式 demo(3, 5, '+') 的值为_____。

```
def demo(x, y, op):
    return eval(str(x) +op +str(y))
```

6. 已知函数的定义如下,那么表达式 demo(3,5,'*')的值为_____。

```
def demo(x, y, op):
    return eval(str(x) +op +str(y))
```

7. 定义函数 prime(),判断一个整数是否为素数,是则返回 Yes,否则返回 No。

8. 定义函数 func(),实现一个分段函数的计算,如表 5-1 所示。

表 5-1　x 与 y 的对应关系

x	x<0	0≤x<5	5≤x<10	x≥10
y	0	x	3x−5	0.5x−2

9. 下列程序的输出结果是_____。

```
n =5
def modify_value(x):
    global n
    n =x
print(n)
```

10. 下列程序的输出结果是_____。

```
lt =[3, 2]
def list_add(item):
    lt.append(item)
list_add(4)
print(lt)
```

11. 下列函数的功能是_____。

```
def demo(lt, k):
    if k <len(lt):
        return lt[k:] +lt[:k]
```

12. 下列程序的输出结果是_____。

```
i =5
def f(arg=i):
    print(arg)
    i =6
f()
```

13. 下列程序的输出结果是_____。

```
def func(a='a', b='b', * * kwargs):
    print('a:%s, b:%s' %(a, b))
func()
dt ={'a':'z', 'b':'q'}
func( * * dt)
```

14. 下列程序的输出结果是_____。

```
def f(a, L=[]):
    L.append(a)
    return L
f(1)
f(2)
print(f(3))
```

15. 已知字典 dt={"one":1,"two":2,"three":3},依据值的大小对字典 dt 的键进行升序排列,得到键列表["one","two","three"]。

第 6 章 类和面向对象

类是对现实世界中一些具有共同特征的事物的抽象。例如，概括某高校所有学生的属性(attribute)就可以得到一个学生类，如表 6-1 所示。

表 6-1 学生类

姓名		学号	
性别		专业	
出生年月		兴趣爱好	

6.1 类的定义与使用

教学课件

Python 语言使用 class 关键字来定义类，关键字后面是一个空格，接下来是类名，然后是一个英文冒号，最后换行并定义类的内部实现。

```
class Student:
    ''' 定义一个 Student 类 '''      #类 Student 的文档说明
    pass                            #占位符 pass,不执行任何操作
```

类名的首字母一般要求大写。类的定义完成以后就可以用来创建实例(instance)，这类似于把上述表格打印出来，然后填写好个人信息，如表 6-2 所示，此时"王力"就是学生类的一个具体实例：

```
>>>s1 = Student()                   #使用 Student 类创建一个实例 s1
>>>s1
<__main__.Student object at 0x0000014082C4EEB8>
```

表 6-2 学生王力的个人信息

姓名	王力	学号	18102401
性别	男	专业	网络工程
出生年月	2000-05	兴趣爱好	篮球等

怎样创建具有姓名(name)、学号(id)、性别(gender)等属性的实例呢？只要为 Student 类添加一个特殊方法 __init__()[1]即可：

```
class Student:
    ''' 定义一个 Student 类 '''
    def __init__(self, name, id, gender='Male'):
        self.name = name              #采用点"."记法访问属性 name
        self.id = id                  #访问属性 id
        self.gender = gender          #访问属性 gender
```

__init__()方法用于初始化新创建的实例，该方法的第一个参数是 self(不推荐使用其他变量名)，指向调用它的具体实例。当创建实例时，__init__()方法会被自动调用，除 self 参数外，必须为该函数的其他形参提供值。将上述代码保存到文件 demo.py，然后选择 IDLE 菜单中 Run→Run Module 或直接按键盘上的 F5，在 IDLE 的交互模式下执行下列操作。

```
>>>s1 = Student('Kate', 191021, 'Female')
```

6.1.1 实例属性与类属性

实例成员包括实例属性与实例方法；类成员包括类属性与类方法。本节学习实例属性与类属性。

```
>>>s1.name                           #实例 s1 属性 name 的属性值
'Kate'
>>>s1.id                             #实例 s1 属性 id 的属性值
191021
>>>s1.gender                         #实例 s1 属性 gender 的属性值
'Female'
>>>s1.name = 'Mary'                  #修改实例 s1 属性 name 的属性值
>>>s1.name
'Mary'
```

上述代码创建了一个实例 s1，该实例拥有姓名(name)、学号(id)、性别(gender)三个实例属性，其取值分别为 Kate、191021 和 Female，可以像普通变量一样使用实例属性。除了实例属性，还有一种属性叫作类属性，它被类的所有实例共享：

```
class Student:
    ''' 定义一个 Student 类 '''
    count = 0                        #类属性,记录学生人数
```

---

[1] init 是 initialization 的简称；initialization 意为初始化。

```
    def __init__(self, name, id, gender='Male'):
        self.name = name
        self.id = id
        self.gender = gender
        Student.count += 1              #可以像普通变量一样使用类属性
>>>s1 = Student('Kate', 191021, 'Female')
>>>s1.count                             #通过实例 s1 访问类属性 count
1                                       #目前学生人数为 1
```

程序源码

访问类属性也可以直接使用类名,而无须创建实例,在上述__init__()方法中就是这样使用的:

```
>>>Student.count                        #通过类名 Student 访问类属性 count
1                                       #目前学生人数为 1
```

6.1.2 实例方法与类方法

接下来学习实例方法。实际上,__init__()就是一个实例方法。下面再定义一个实例方法:display_count(),用于显示学生人数。

```
class Student:
    ''' 定义一个 Student 类 '''
    count = 0                           #类属性,记录学生人数
    def __init__(self, name, id, gender='Male'):
        self.name = name
        self.id = id
        self.gender = gender
        Student.count += 1              #可以像普通变量一样使用类属性
    def display_count(self):            #实例方法的第一个形参为 self
        print("学生人数: %d" % Student.count)
>>>s1 = Student('Kate', 191021, 'Female')
>>>s1.display_count()
学生人数: 1
```

程序源码

在实例方法的定义中,第一个形参为 self(不推荐使用其他变量名),self 指向调用它的具体实例。在调用实例方法时不需要为第一个形参赋值,Python 解释器会自动完成此操作。除了实例方法,Python 还有一个类方法,定义类方法时需要使用@classmethod 修饰符:

```
class Student:
    ''' 定义一个 Student 类 '''
    count = 0                           #类属性,记录学生人数
    def __init__(self, name, id, gender='Male'):
```

```
        self.name = name
        self.id = id
        self.gender = gender
        Student.count += 1                      #可以像普通变量一样使用类属性
    def display_count(self):                    #实例方法的第一个形参为 self
        print("学生人数: %d" %Student.count)
    @classmethod                                #类方法修饰符
    def class_display_count(cls):               #类方法
        print("学生人数: %d" %cls.count)

>>>Student.class_display_count()
学生人数: 0
>>>s1 = Student('Kate', 191021, 'Female')
>>>Student.class_display_count()
学生人数: 1
```

类方法的第一个形参是类本身，通常将该参数命名为 cls[①]。在调用类方法时不需要为第一个形参赋值，Python 解释器会自动完成此操作。

6.1.3 静态方法

程序源码

除了实例方法和类方法，Python 还有一个静态方法，定义静态方法时需要使用 @staticmethod 修饰符：

```
class Student:
    ''' 定义一个 Student 类 '''
    count = 0                                   #类属性,记录学生人数
    def __init__(self, name, id, gender='Male'):
        self.name = name
        self.id = id
        self.gender = gender
        Student.count += 1                      #可以像普通变量一样使用类属性
    def display_count(self):                    #实例方法的第一个形参为 self
        print("学生人数: %d" %Student.count)
    @classmethod                                #类方法修饰符
    def class_display_count(cls):               #类方法
        print("学生人数: %d" %cls.count)

    @staticmethod                               #静态方法修饰符
    def static_display_count():                 #静态方法
        print("学生人数: %d" %Student.count)
```

---

① cls 是 class 的简称。

```
>>>Student.static_display_count()
学生人数: 0
>>>s1=Student('Kate', 191021, 'Female')
>>>Student.static_display_count()
学生人数: 1
```

6.2 类的继承

在某些情况下，现有的类不能很好地满足需求，这时就可以定义一个新类。新类不必从头开始编写，它可以从现有的类继承(inheritance)。新类继承现有的类后，就自动拥有了现有类的所有功能，只需要添加现有类缺少的功能即可。下面定义一个 Person 类。

```
class Person:
    ''' 定义一个 Person 类 '''
    def __init__(self, name, gender):
        self.name = name
        self.gender = gender
```

再定义一个 Student 类，该类继承自 Person 类：

```
class Student(Person):                    #Student 是子类, Person 是父类
    ''' 定义一个 Student 类 '''
    def __init__(self, name, gender, score):
        super(Student, self).__init__(name, gender)
        self.score = score                #子类 Student 增加了一个 score 属性
p1 = Person('Tom', 'Male')
print(p1.name, p1.gender)
s1 = Student('Kate', 'Female', 88)
print(s1.name, s1.gender, s1.score)
```

上述代码的执行结果：

```
Tom Male
Kate Female 88
```

在 Python 语言中，object 是一个类，它是所有类的父类。父类需要放在子类后面的括号里，并用逗号隔开。如果一个类不明确地指定父类，则其父类为 object 类。如果想在子类中调用父类的方法，则可以使用 Python 语言的内置函数 super()。在上述的 Student 类中，调用父类 Person 的__init__()方法时，使用的就是 super()函数。在子类的__init__()方法中一定要使用 super(Student, self).__init__(name, gender)去初始化父类，否则子类 Student 的实例就没有 name 和 gender 属性。

type()函数用于获取一个变量的类型，而 isinstance()函数则可以判断一个实例是否属于某个类：

```
>>>type(1)                          #1是整数类型
<class 'int'>
>>>type(s1)                         #实例s1是Student类型
<class '__main__.Student'>
>>>isinstance('a', str)             #'a'属于字符串类型
True
>>>isinstance(s1, Student)          #实例s1属于Student类型
True
>>>isinstance(s1, Person)           #实例s1属于Person类型
True
>>>isinstance(p1, Student)          #实例p1不属于Student类型
False
>>>isinstance(p1, Person)           #实例p1属于Person类型
True
>>>isinstance(p1, object)           #object是所有类的父类
True
>>>isinstance(s1, object)           #实例s1属于object类型
True
```

一个实例既可以看作是它本身的类型,又可以看作是它父类的类型。例如,实例s1既是Student类型又是Person类型。除了从一个父类继承外,Python还允许从多个父类继承,这被称为多重继承(multiple inheritance):

```
class A:
    def __init__(self, a):
        print("初始化 A ...")
        self.a = a
class B(A):
    def __init__(self, a):
        super(B, self).__init__(a)
        print("初始化 B ...")
class C(A):
    def __init__(self, a):
        super(C, self).__init__(a)
        print("初始化 C ...")
class D(B, C):
    def __init__(self, a):
        super(D, self).__init__(a)
        print("初始化 D ...")
d = D('d')
```

在上述代码中,A、B、C和D四个类之间的继承关系如图6-1所示。

程序的执行结果:

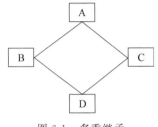

图 6-1 多重继承

```
初始化 A ...
初始化 C ...
初始化 B ...
初始化 D ...
```

在图 6-1 中，类 D 有两个父类 B 和 C，而类 B 和 C 都继承自类 A，因此类 D 就同时拥有了父类 A、B、C 的全部功能。虽然父类 A 被子类 D 继承了两次[①]，但类 A 的__init__()方法却只执行了一次。请读者仔细观察三个父类的初始化顺序，这种类型的题目在求职面试时经常遇到。多重继承技术使得一个类可以自由地组合各个类的属性与方法，以便形成一个新类。

有些成员（属性和方法）不希望在类的外部被访问，该怎么办呢？这就涉及访问控制问题。Python 将成员分为三种类型，分别是私有（private）成员、保护（protected）成员和公共（public）成员。

```
class Person:
    ''' 定义一个 Person 类 '''
    def __init__(self, name):
        self.name = name                #公共属性
        self._title = 'Mr.'             #保护属性，以单下画线"_"开头
        self.__salary = 20000           #私有属性，以双下画线"__"开头
p1 = Person('Bob')
print(p1.name)                          #输出 Bob
print(p1._title)                        #输出 Mr.
print(p1.__salary)                      #输出错误信息
```

公共属性能够在类的外部访问；保护属性可以在该属性所在类及其子类中访问；私有属性只能在该属性所在类中使用。

如果一个父类及其子类使用了完全相同的方法名，但却有不同的实现方式，这种现象叫作多态（polymorphism）。多态就是"多种状态"的意思。

```
class Person:
    ''' 定义一个 Person 类 '''
    def __init__(self, name, gender):
```

---

① 通过父类 B 和父类 C 各继承了一次。

```python
        self.name = name
        self.gender = gender
    def who_am_i(self):
        return 'I am a Person, my name is %s.' % self.name

class Student(Person):
    ''' 定义一个 Student 类 '''
    def __init__(self, name, gender, score):
        super(Student, self).__init__(name, gender)
        self.score = score
    def who_am_i(self):
            return 'I am a Student, my name is %s.' % self.name

class Teacher(Person):
    ''' 定义一个 Teacher 类 '''
    def __init__(self, name, gender, course):
        super(Teacher, self).__init__(name, gender)
        self.course = course                                    #课程 course
    def who_am_i(self):
        return 'I am a Teacher, my name is %s.' % self.name
p1 = Person('Tim', 'Male')
s1 = Student('Bob', 'Male', 88)
t1 = Teacher('Alice', 'Female', 'Maths')
object_list = [p1, s1, t1]
for obj in object_list:
    print(obj.who_am_i())
```

执行上述代码的输出结果：

```
I am a Person, my name is Tim.
I am a Student, my name is Bob.
I am a Teacher, my name is Alice.
```

Student 类既有自定义的 who_am_i() 方法，又继承了父类 Person 的 who_am_i() 方法。当执行 s1.who_am_i() 代码时，它总是优先使用自定义的 who_am_i() 方法。代码 t1.who_am_i() 的执行情况与 s1 类似。读者可以删除 Student 类中的 who_am_i() 方法，然后比较一下代码的执行结果有何不同。

6.3 类的特殊方法

前面学习的 __init__() 方法就是类的一个特殊方法。这些特殊方法定义在类中，是类的实例方法，不需要直接调用，Python 语言的某些函数或操作符会自动调用它们。假如想把实例以字符串的形式输出，就需要实现类的特殊方法 __str__()。

```
class Person:
    ''' 定义一个 Person 类 '''
    def __init__(self, name, gender):
        self.name = name
        self.gender = gender
    def __str__(self):
        return '姓名:%s,性别:%s' % (self.name, self.gender)
p1 = Person('Bob', 'Male')
print(p1)
```

上述代码的执行结果：

姓名:Bob,性别:Male

读者可以尝试注释掉 __str__() 方法，观察代码的输出结果有何变化。在 IDLE 的交互模式下直接输出变量 p1 的值：

```
>>> p1
<__main__.Person object at 0x00000253B5B4A470>
```

显然，此处 Python 解释器并没有调用 __str__() 方法，实际上 Python 解释器调用的是 __repr__() 方法[1]，而该方法在 Person 类中并没有实现。

```
class Person:
    def __init__(self, name, gender):
        self.name = name
        self.gender = gender
    def __str__(self):
        return '姓名:%s,性别:%s' % (self.name, self.gender)
    __repr__ = __str__                          #实现 __repr__() 方法的一个捷径
```

执行上述代码，然后在 IDLE 的交互模式下：

```
>>> p1 = Person('Bob', 'Male')
>>> p1
姓名:Bob,性别:Male
>>> print(p1)
姓名:Bob,性别:Male
```

p1 和 print(p1) 的输出结果相同。__str__() 方法输出的信息是为了方便普通用户阅读；而 __repr__() 方法输出的信息是为了协助程序员调试程序。如果一个类中没有定义 __str__() 方法，那么 Python 解释器会在需要该方法时使用 __repr__() 方法代替。

有时用户希望类的实例能够像整数、浮点数那样，进行加、减、乘、除等多种运算。假定

---

[1] object 类中实现了该方法。

有一个 Time 类：

```
class Time:
    """ 定义 Time 类,代表一天的时间
    属性: hour, minute, second
    """
    def __init__(self, hour=0, minute=0, second=0):
        self.hour =hour
        self.minute =minute
        self.second =second
    def __str__(self):
        ''' 时间的输出格式%.2d:%.2d:%.2d '''
        return "%.2d:%.2d:%.2d" %(self.hour, self.minute, self.second)
```

实例 t1 代表电影开始播放的时间：

```
>>>t1 =Time(8, 15)                    #创建实例 t1
>>>print(t1)                          #上午 8 点 15 分开始播放电影
08:15:00
```

实例 t2 代表播放时长：

```
>>>t2 =Time(1, 30)                    #创建实例 t2
>>>print(t2)                          #播放时长为 1 小时 30 分钟
01:30:00
```

t1＋t2 得到播放的结束时间：

```
>>>t1 +t2                             #错误,Time 类不支持加法运算
Traceback (most recent call last):
  File "<pyshell#63>", line 1, in <module>
    t1 +t2
TypeError: unsupported operand type(s) for +: 'Time' and 'Time'
```

怎样才能使 Time 类支持加法运算呢？只需在 Time 类中实现类的特殊方法＿＿add＿＿()即可[①]。

```
class Time:
    """ 定义 Time 类,代表一天的时间
    属性: hour, minute, second
    """
    def __init__(self, hour=0, minute=0, second=0):
        self.hour =hour
        self.minute =minute
```

---

① 为了支持加法运算,除了实现＿＿add＿＿()方法,又定义了两个方法 time_to_int()和 int_to_time()。

```
        self.second = second

    def __str__(self):
        ''' 时间的输出格式%.2d:%.2d:%.2d '''
        return "%.2d:%.2d:%.2d" % (self.hour, self.minute, self.second)

    def time_to_int(self):
        ''' 将时间(时分秒)转换为以秒为单位的整数 '''
        minutes = self.hour * 60 + self.minute
        seconds = minutes * 60 + self.second
        return seconds

    def int_to_time(self, seconds):
        ''' 将以秒为单位的整数转换为时间(时分秒) '''
        minutes, self.second = divmod(seconds, 60)
        self.hour, self.minute = divmod(minutes, 60)

    def __add__(self, other):
        time = Time()
        seconds = self.time_to_int() + other.time_to_int()
        time.int_to_time(seconds)
        return time
```

再次执行上述代码,在 IDLE 的交互模式下:

```
>>>t1 = Time(8, 15)
>>>t2 = Time(1, 30)
>>>t3 = t1 + t2
>>>print(t3)                        #电影播放的结束时间
09:45:00
```

其实,Python 解释器在幕后做了大量的工作,它将 t1 + t2 与 t1.__add__(t2)建立了一一对应关系,执行 t1 + t2 就等价于执行 t1.__add__(t2)。

本节介绍了类的三个特殊方法,通过实现这些特殊方法,用户可以指定在自定义类上运算符的行为。表 6-3 列出了部分特殊方法,其完整的列表参见 https://docs.python.org/3.5/reference/datamodel.html#special-method-names。

表 6-3 类的特殊方法

特殊方法	说明
__new__()	构造方法,创建实例时自动调用
__init__()	实例的初始化方法
__del__()	析构方法,释放实例时自动调用
__slots__()	仅定义一组指定的属性
__hash__()	自定义哈希值

续表

特 殊 方 法	说　明
__add__()	＋
__sub__()	－ subtraction
__mul__()	＊ multiply
__truediv__()	/除以 division
__floordiv__()	//求整商
__pow__()	＊＊求乘方 power
__str__()	将实例转换为字符串形式(可读性强)string
__repr__()	将实例转换为字符串形式(更准确)representation

6.4 模块与包

当程序变得越来越长,定义的函数越来越多,代码维护将变得很困难,那么怎样解决这个问题呢?答案是使用模块(module)和包(package)[①]。通常,函数实现某个特定的功能,而模块则是由多个函数的构成的。在 Python 语言中,一个.py 文件就是一个模块。

模块分为内置模块、扩展模块和自定义模块。创建自定义模块包括两个步骤,分别是创建模块和导入模块。新建一个源代码文件 my_module.py,在其中定义两个函数 lb2kg()和 inch2cm()。

```
def lb2kg(lb):
    kg = lb * 0.4536            #磅 lb 转换为千克 kg
    return kg                   #1磅约等于 0.4536千克

def inch2cm(inch):
    cm = inch * 2.54            #英寸 inch 转换为厘米 cm
    return cm                   #1英寸约等于 2.54厘米
```

想要在程序中使用其他模块中的函数,需要使用关键字 import 导入该模块。导入模块有两种方式,如表 6-4 所示。

表 6-4 模块的导入方式

导入	全 部 导 入		部 分 导 入
命令	import 模块名	from 模块名 import ＊	from 模块名 import 函数名
举例	import my_module[②]	from my_module import ＊	from my_module import lb2kg
函数	my_module.lb2kg(10)	lb2kg(10)	lb2kg(10)

[①] 除了模块和包,还有一个概念叫作库(library)。通俗地说,库是包的容器。
[②] 如果模块名太长,可以使用 as 关键字给模块起一个别名,如 import my_module as mm。

在模块 my_module 所在的目录下,新建一个源程序文件 demo.py,其包含的代码如下。

```
from my_module import *              #导入my_module模块中的所有函数
lb = 5
kg = lb2kg(lb)
print("kg =", kg)

inch = 5
cm = inch2cm(inch)
print("cm =", cm)
```

上述代码的执行结果:

```
kg = 2.268
cm = 12.7
```

包其实是一个文件夹,它将一组功能相似的模块集中存放在一起。在实际的项目开发中,通常会创建多个包,以便存放各种文件。一个包必须有一个＿＿init＿＿.py 程序文件。当一个文件夹中含有＿＿init＿＿.py 文件时,它才会被认为是一个包。＿＿init＿＿.py 文件可以为空。当导入一个包时,程序会自动执行其中包含的＿＿init＿＿.py 文件。

创建包的三个步骤:首先,将要打包的所有模块,如 mod1.py、mod2.py 和 mod3.py,存放在同一个文件夹,如 pack;然后,在文件夹 pack 中创建一个＿＿init＿＿.py 文件;最后,在＿＿init＿＿.py 文件中输入如下代码。

```
from . import mod1                   #点"."代表当前文件夹
from . import mod2
from . import mod3
```

至此,pack 包创建完毕。＿＿init＿＿.py 文件就像是包的目录,通过它可以了解到包包含了哪些模块。当导入包时,包中的模块同时被导入,这样主程序就可以直接使用包中的模块。

6.5 常用的 Python 标准库

1. random

random 是一个生成随机数的标准库。

random()函数用于生成[0,1)范围内的浮点数,包括 0 但不包括 1。

```
>>> import random
>>> random.random()
0.698239739696482
```

如果想要在每次调用 random()函数时,产生同一个随机数,则需要设置相同的随机数种子(seed)。

```
>>>random.seed(42)                    #随机数种子 42
>>>random.random()
0.6394267984578837
>>>random.seed(42)                    #随机数种子 42
>>>random.random()
0.6394267984578837                    #与上一次产生的随机数相同
```

randint(a, b)函数生成一个[a, b]范围内的整数,包括 a 和 b。

```
>>>random.randint(1, 10)
4
```

choice(x)函数从 x 中随机选择一个元素并返回。参数 x 可以是列表、元组或字符串。

```
>>>random.choice([1, 5, 2])           #从列表[1, 5, 2]中随机选择一个元素
1
```

sample(x, k)函数随机选择并返回 x 中的 k 个元素。参数 x 可以是列表、元组或字符串。

```
>>>random.sample("hello", 2)
['h', 'l']
```

shuffle(x)函数将列表 x 中的元素顺序随机打乱,类似于洗扑克牌。

```
>>>lt =[1, 5, 2, 4]
>>>random.shuffle(lt)
>>>lt
[4, 5, 2, 1]
```

2. time

time 库提供了与时间有关的各种函数。

time()函数获取系统当前的时间戳,即从 1970 年 1 月 1 日 0 时 0 分 0 秒起到当前时刻所经过的秒数。

```
>>>import time
>>>time.time()
1654049170.4406323                    #以秒为单位
```

time()函数得到的时间戳,可读性很低。localtime(t)函数将时间戳 t(秒数)格式化输出。

```
>>>now =time.time()
>>>time.localtime(now)
time.struct_time(tm_year=2022, tm_mon=6, tm_mday=1, tm_hour=10, tm_min=37, tm_sec=0, tm_wday=2, tm_yday=152, tm_isdst=0)
```

在上述的输出结果中,各个参数表示的含义参见表 6-5。

表 6-5　各个参数表示的含义

参　　数	含　　义	参　　数	含　　义
tm_year	年份	tm_hour	小时数
tm_mon	月份	tm_min	分钟数
tm_mday	日期	tm_sec	秒数
tm_wday	星期几,0 代表星期一,依此类推		
tm_yday	这是一年中的第几天		
tm_isdst	是否为夏令时,0 代表不是,正数代表是,负数代表不清楚		

如果函数 localtime()没有参数,则默认使用 time()函数返回的时间戳。localtime()函数得到的时间的可读性依然不高,而 strftime()函数得到的时间的可读性很高。

strftime()函数接收两个参数:

第 1 个参数是格式化字符串,其中的格式字符表示的含义参见表 6-6。

表 6-6　格式字符的含义

格式字符	含　　义	格式字符	含　　义
%Y	四位数的年份表示(0000 — 9999)	%H	24 小时制的小时数(0 — 23)
%y	两位数的年份表示(00 — 99)	%I	12 小时制的小时数(1 — 12)
%m	月份数(01 — 12)	%M	分钟数(00 — 59)
%d	月份内的第几天(1 — 31)	%S	秒数(00 — 59)

第 2 个参数是时间元组,可选参数,省略时使用 localtime()函数返回的时间戳。

```
>>>t =time.localtime(199702065)
>>>time.strftime("%Y/%m/%d %H:%M", t)
'1976/04/30 16:47'
```

sleep(x)函数能使程序在运行过程中暂停 x 秒。

```
import time
t1 =time.time()
time.sleep(3)
t2 =time.time()
print("代码共计用时%.2f 秒" %(t2-t1,))
```

上述代码的输出结果:

代码共计用时 3.003419

6.6 小结

本章讲述了 Python 语言的面向对象编程(Object-Oriented Programming,OOP)技术,这些技术包括类的定义和使用,类属性和实例属性,类方法、实例方法和静态方法,类的继承,多态等内容。OOP 技术的三个主要特征是继承、封装和多态。封装(encapsulation)是一种将数据和操作数据的方法包装成代码单元的机制,这些代码单元的功能是相对独立的。依据成员(属性和方法)对外部的开放程度,可以将它们分成三种类型:私有成员、保护成员和公共成员。最后,通过一个例题讲述运算符重载的实现。

函数、模块和包是组织和重用代码的三种方式,他们的粒度从小到大依次排列。通常,函数实现某个特定的功能,而模块则是由多个函数构成的。在 Python 语言中一个 .py 文件就是一个模块。实际上,包是一个文件夹。包必须包含一个 __init__.py 文件,__init__.py 文件可以为空。当导入一个包时,程序会自动执行它包含的 __init__.py 文件。

练习题 6

1. 说出类的定义。
2. 定义一个类需要使用关键字_____。
3. 使用 pass 语句定义一个最简单的类 Demo。
4. 请用一句话简单地概括 __init__() 方法的作用。
5. 查阅相关资料,至少写出继承的两个优点。
6. Python 语言中属性分为几个类别?分别是什么?
7. 面向对象的三个主要特征是什么?
8. 采用多种方式导入模块 A 中的函数 test()。
9. 简单叙述创建包的三个步骤。
10. 包 pack1 与 pack2 之间的层次关系如图 6-2 所示,程序代码中需要用到 pack1 包中的 my_module2 模块,pack2 包中的 my_module1 模块,写出导入这两个模块的代码。

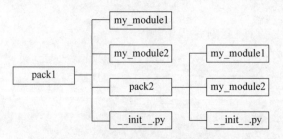

图 6-2 包 pack1 与 pack2 之间的层次关系

11. 为了实现对属性的访问控制,Python 语言将属性划分为 3 类,这 3 类分别是什么?各有什么特点?
12. 创建一个学生类 Student,其实例属性有姓名 name、学号 id、性别 gender="male"、专业 major,类属性有 school="tust",生成该类的一个实例 s1,输出这名学生的专业。

13. 定义一个类 Cat，该类拥有一个类属性和两个实例属性：

类属性：品种 species，其初始值为 Persian；

实例属性：名字 name 和颜色 color。

创建一个 Cat 类的实例 kitty，将其品种 species 修改为 Egypt，颜色 color 修改为 Black。

14. 在第 13 题定义的类 Cat 中，增加一个实例方法 info()，输出猫的名字和颜色，创建一个实例 kitty 并调用该方法。

15. 定义一个矩形类 Rectangle，该类拥有高度 height 和宽度 width 两个属性；再定义两个方法 calc_area() 和 calc_perimeter()，分别用于计算矩形的面积和周长。

16. 定义一个形状类 Shape，由它派生 3 个子类 Circle、Rectangle 和 Triangle，定义 print_area() 方法输出这 3 种图形的面积，这 3 种图形的数据在创建实例时给出。

17. 定义一个有理数类 Rational，该类有分子 x 和分母 y 两个实例属性，通过运算符重载实现两个有理数的加法运算；另外，能够以"x / y"的形式输出一个有理数。

18. 使用 random 库，生成并输出一个长度为 5 的列表 lt，其中的元素是[1，10]范围内的整数。

19. 借助于 time.time() 函数，计算下列代码的执行时间。

```
for _ in range(100000000):
    pass
```

第 7 章 字 符 串

第 2 章已经讲述了字符串的部分内容,本章继续讲述字符串操作符、字符串处理函数、字符串方法、字符串与列表和元组的相互转换等内容。

教学课件

7.1 字符串操作符

Python 语言提供了 4 个字符串操作符,如表 7-1 所示。

表 7-1 字符串操作符

操 作 符	功 能 描 述
x + y	将字符串 x 和 y 拼接在一起
x * n 或 n * x	将字符串 x 复制 n 次
x in s	如果 x 是 s 的子串,则返回 True,否则返回 False
x not in s	与 in 的功能相反

1. "+"操作符

"+"操作符的示例如下。

```
>>>"人工"+"智能"                    #拼接两个字符串
'人工智能'
>>>s ='good'
>>>t ='luck'
>>>s +t
'goodluck'
>>>print('good luck' +'!')
good luck!
```

2. " * "操作符

如果 s 为字符串,n 为正整数,那么 s * n 或 n * s 将字符串 s 复制 n 次:

```
>>>s ='fun'
>>>s * 2
```

```
'funfun'
>>>2 * s
'funfun'
```
n等于零或负整数时,s * n或n * s的执行结果为空①:
```
>>>s * 0
''                                                          #空
>>>s * -2
''                                                          #空
```

3. "in"操作符

"in"操作符的示例如下。

```
>>>'a' in 'apple'                                           #字符a在apple中
True
>>>'b' in 'apple'                                           #字符b不在apple中
False
```

4. "not in"操作符

"not in"操作符的示例如下。

```
>>>'x' not in 'abc'
True
>>>'x' not in 'xyz'
False
```

7.2 字符串处理函数

Python语言内置的字符串处理函数如表7-2所示。

表7-2 字符串处理函数

函 数 名	功 能 描 述	全 称	中文解释
ord()	将字符转换为整数	ordinal	序数的
chr()	将整数转换为字符	character	字符
len()	返回字符串的长度	length	长度
str()	返回对象的字符串表示形式	string	字符串

1. ord()函数

ord(x)函数返回字符x对应的Unicode编码:

```
>>>ord('a')
97
>>>ord('A')
65
```

---

① 注意不是空格。

```
>>>ord('和')
21644
```

2. chr()函数

chr(x)函数返回 Unicode 编码 x 对应的字符:

```
>>>chr(21644)                    #十进制数 21644
'和'
>>>chr(0x2708)                   #十六进制数 2708
'✈'
>>>chr(0x266b)                   #十六进制数 266b
'♫'
```

3. len()函数

len(x)函数返回字符串 x 的长度:

```
>>>len("fun")
3
>>>len("不忘初心")                #中文和英文同等看待
4
>>>len("")                       #空字符串,不是空格
0
>>>len("\n")                     #换行符\n,newline
1
```

4. str()函数

str(x)函数返回对象 x 的字符串表示形式:

```
>>>str(5)
'5'
>>>str(2+3)
'5'
>>>str(0x1a)                     #十六进制数 1a 等于十进制数 26
'26'
>>>str('Hello')
'Hello'
>>>str(3.14)
'3.14'
>>>str(2+3j)                     #复数 2+3j 的字符串形式
'(2+3j)'                         #注意有括号
```

字符串的索引和切片操作参见第 2 章,此处再举几个例子:

```
>>>s ='football'
>>>s[:4]
```

```
'foot'
>>>s[4:]
'ball'
>>>s[:4] +s[4:] ==s
True
>>>t =s[:]                          #变量 t 指向原字符串 s
>>>id(s)                            #得到字符串 football 的存储地址
2162197664240
>>>id(t)
2162197664240
>>>t is s                           #t 和 s 指向同一个对象
True
```

7.3 字符串方法

字符串类提供了很多方法,有大小写转换、查找和替换、字符分类、字符串格式化、字符串与列表和元组的相互转换等。

7.3.1 大小写转换

首先学习英文字符的大小写转换方法,如表 7-3 所示。

表 7-3 大小写转换

方 法 名	功 能 描 述
s.capitalize()	返回 s 的一个副本,并将其首字母转换为大写,其他字母转换为小写
s.lower()	将英文字母转换为对应的小写形式
s.swapcase()	将英文字母的大小写形式互换
s.title()	将字符串 s 转换为标题形式,即每个单词的首字母大写
s.upper()	将英文字母转换为对应的大写形式

方法也是一种函数,只是调用的方式不同。函数采用 func(x) 的方式调用,而方法采用 <a>.func(x) 的形式调用,其中 a 为一个类的实例。

1. s.capitalize()

s.capitalize() 返回 s 的一个副本,并将其首字母转换为大写,其他所有字母转换为小写,举例如下。

```
>>>s ='gOD LUck'
>>>s.capitalize()
'God luck'
```

```
>>>s                          #字符串是不可变的
'gOD LUck'                    #原字符串 s 保持不变
>>>s='goD123#'                #非英文字母保持不变
>>>s.capitalize()
'God123#'
```

2. s.lower()

s.lower()用来将英文字母转换为对应的小写形式,举例如下。

```
>>>'GoD'.lower()
'god'
```

3. s.swapcase()

s.swapcase()用来将英文字母的大小写形式互换,举例如下。

```
>>>'GOod LUck'.swapcase()
'goOD luCK'
```

4. s.title()

s.title()用来将字符串 s 转换为标题形式,即每个单词的首字母大写,举例如下。

```
>>>'go with the wind'.title()
'Go With The Wind'
```

5. s.upper()

s.upper()用来将英文字母转换为对应的大写形式,举例如下。

```
>>>'gooD'.upper()
'GOOD'
```

7.3.2 查找和替换

下面讲解字符串的查找和替换,如表 7-4 所示。本组中的每个方法都支持两个可选的参数＜start＞和＜stop＞,其用法类似于字符串的切片。＜start＞和＜stop＞分别表示查找或替换的开始点和结束点(不包括)。

表 7-4 查找和替换方法

方 法 名	功 能 描 述
s.count(sub)	统计字符串 s 中子串 sub 的出现次数
s.startswith(prefix)	确定字符串 s 是否以子串 prefix 开头
s.endswith(suffix)	确定字符串 s 是否以子串 suffix 结尾

续表

方 法 名	功 能 描 述
s.find(sub)	在 s 中查找子串 sub,若找到则返回子串的最小下标,否则返回-1
s.rfind(sub)	从末尾开始在字符串 s 中搜索子串 sub
s.index(sub)	同 s.find(sub),区别是找不到子串 sub 时抛出异常,而不是返回-1
s.rindex(sub)	同 s.rfind(sub),区别是找不到子串 sub 时抛出异常,而不是返回-1

1. s.count(sub)

s.count(sub)用来统计字符串 s 中子串 sub 的出现次数,举例如下。

```
>>>'good book'.count('oo')
2
```

也可以设置统计的开始点 start 和结束点 stop,举例如下。

```
>>>'good look book'.count('oo', 5, 9)    #从下标5开始统计,到下标9结束
1
```

2. s.startswith(prefix)

s.startswith(prefix)用来确定字符串 s 是否以子串 prefix 开头,举例如下。

```
>>>'good'.startswith('go')
True
>>>'good'.startswith('go', 2)
False
```

3. s.endswith(suffix)

s.endswith(suffix)用来确定字符串 s 是否以子串 suffix 结尾,举例如下。

```
>>>'good'.endswith('od')
True
```

4. s.find(sub)

s.find(sub)用来在字符串 s 中搜索子串 sub,如果搜索到则返回子串的最小下标,否则返回-1,举例如下。

```
>>>'good god'.find('go')          #注意返回值不是5
0
>>>'ab'.find('c')                 #没找到
-1
```

5. s.rfind(sub)

s.rfind(sub)表示从末尾开始在字符串 s 中搜索子串 sub,举例如下。

```
>>>'good god'.rfind('go')              #与上面的执行结果进行对比
5
>>>'ab'.rfind('c')
-1
```

6. s.index(sub)

该方法等价于 s.find(sub)方法,唯一的区别是如果找不到子串 sub,该方法抛出异常,而不是返回-1,举例如下。

```
>>>'good god'.index('go')              #此时等价于 s.find(sub)
0
>>>'ab'.index('c')                     #抛出异常,而不是返回-1
Traceback (most recent call last):
  File "<pyshell#140>", line 1, in <module>
    'ab'.index('c')
ValueError: substring not found
```

7. s.rindex(sub)

该方法等价于 s.rfind(sub)方法,唯一的区别是如果找不到子串 sub,该方法抛出异常,而不是返回-1,举例如下。

```
>>>'good god'.rindex('go')             #此时等价于 s.rfind(sub)
5
>>>'ab'.rindex('c')                    #抛出异常,而不是返回-1
Traceback (most recent call last):
  File "<pyshell#137>", line 1, in <module>
    'ab'.rindex('c')
ValueError: substring not found
```

7.3.3 字符分类

下面讲解对字符进行分类的方法,这些方法根据字符串中包含的字符种类对其进行分类,如表 7-5 所示。

表 7-5 字符分类的方法

方 法 名	功 能 描 述
s.isalnum()	判断字符串 s 是否由字母数字组成
s.isalpha()	判断字符串 s 是否由字母组成
s.isdigit()	判断字符串 s 是否由数字组成
s.isidentifier()	判断字符串 s 是否为有效的 Python 标识符
s.islower()	判断字符串 s 中的字母是否为小写字母
s.isprintable()	判断字符串 s 是否完全由可打印字符组成

续表

方 法 名	功 能 描 述
s.isspace()	判断字符串 s 是否由空白字符组成
s.istitle()	判断字符串 s 是否符合标题格式
s.isupper()	判断字符串 s 中的字母是否为大写字母

1. s.isalnum()

s.isalnum()用来判断字符串 s 是否由字母或数字组成,如果是则返回 True,否则返回 False,举例如下。

```
>>>'abc123'.isalnum()           #是字母(alphabet)或数字(number)
True
>>>'abc123$'.isalnum()          #美元符号$既不是字母也不是数字
False
>>>''.isalnum()                 #空字符串时返回 False
False
```

2. s.isalpha()

s.isalpha()用来判断字符串 s 是否由字母组成,举例如下。

```
>>>'Aa'.isalpha()
True
>>>'abc123'.isalpha()
False
```

3. s.isdigit()

s.isdigit()用来判断字符串 s 是否由数字组成,举例如下。

```
>>>'123'.isdigit()
True
>>>'abc123'.isdigit()
False
```

4. s.isidentifier()

s.isidentifier()用来判断字符串 s 是否为有效的 Python 标识符。一个合法的 Python 标识符只能由 3 种字符组成,分别是大小写英文字母,共 52 个;0~9 十个数字和一个下画线"_"。另外,标识符不能以数字开头。虽然可以使用中文作为标识符,但是不推荐使用。

```
>>>'sum12'.isidentifier()
True
>>>'12sum'.isidentifier()       #不能以数字开头
False
>>>'sum$12'.isidentifier()      #不能用美元符号$
```

```
False
>>>'和'.isidentifier()                    #不建议使用中文标识符
True
>>>'for'.isidentifier()                   #for是Python语言的关键字
True
```

虽然关键字是有效的标识符,但是用户不能将其作为变量名使用。判断一个标识符是否为关键字,可使用 keyword 模块中的 iskeyword()函数进行验证:

```
>>>from keyword import iskeyword
>>>iskeyword('for')
True
```

5. s.islower()

s.islower()用来判断字符串 s 中的字母是否为小写字母,举例如下。

```
>>>'abc'.islower()
True
>>>'ab1$c'.islower()
True
>>>'aB1$c'.islower()
False
```

6. s.isprintable()

s.isprintable()用来判断字符串 s 是否完全由可打印字符组成,举例如下。

```
>>>'a\tb'.isprintable()                   #水平跳格键\t 不可打印
False
>>>'a b'.isprintable()
True
>>>'a\nb'.isprintable()                   #换行符\n 不可打印
False
```

7. s.isspace()

s.isspace()用来判断字符串 s 是否由空白字符组成。ASCII 字符集包含的 6 个空白字符如表 7-6 所示。

表 7-6 空白字符

字 符	说 明	字 符	说 明
' '	空格	\f	换页 Form Feed
\n	换行符 Newline	\r	回车符 Carriage Return
\t	水平跳格键 Tab	\v	垂直跳格键 Vertical

```
>>>'\t\n'.isspace()
True
>>>' a '.isspace()
False
>>>''.isspace()                          #是空不是空白字符
False
>>>' '.isspace()                         #空格是空白字符
True
```

8. s.istitle()

s.istitle()用来判断字符串 s 是否符合标题格式,举例如下。

```
>>>'This Is A Title'.istitle()          #每个单词首字母都大写
True
>>>'go with the wind'.istitle()
False
```

9. s.isupper()

s.isupper()用来判断字符串 s 中的字母是否为大写字母,举例如下。

```
>>>'AB'.isupper()
True
>>>'AB12$'.isupper()
True
>>>'Aa'.isupper()
False
```

7.3.4 字符串格式化

下面介绍字符串格式化方法,该类方法一共有 9 个,如表 7-7 所示。

表 7-7 字符串格式化方法

方 法 名	功 能 描 述
s.center()	函数原型为 center(width[,fillchar]),将字符串 s 居中显示,左右两侧用 fillchar 填充,共占 width 列,fillchar 默认值为空格
s.ljust()	与 s.center()的用法相同,实现的是左对齐
s.rjust()	与 s.center()的用法相同,实现的是右对齐
s.expandtabs()	将字符串 s 中的跳格键用空格代替,默认用 8 个空格代替一个跳格键
s.strip()	删除字符串 s 开头和结尾处的指定字符,默认值为空白字符
s.lstrip()	与 s.strip()的用法相同,从字符串 s 的左侧删除字符
s.rstrip()	与 s.strip()的用法相同,从字符串 s 的右侧删除字符
s.replace()	将字符串 s 中的旧串用新串代替
s.zfill()	将字符串 s 的副本用 0 字符填充为指定的宽度并返回

1. s.center(<width>[,<fillchar>])

在宽度为 width 的域中使字符串 s 居中,可选参数 fillchar 为填充字符,其默认值为空格,举例如下。

```
>>>'fun'.center(10)                #居中,用空格填充
'   fun    '
>>>'fun'.center(10, '-')           #居中,用-填充
'---fun----'
>>>'fun'.center(2)                 #指定的宽度不够,字符串原样输出
'fun'
```

2. s.ljust()

s.ljust()函数与 s.center()函数的用法相同,区别是对齐的方式不同。s.ljust()函数实现的是左对齐(left justified),举例如下。

```
>>>'fun'.ljust(10)                 #左对齐,用空格填充
'fun       '
>>>'fun'.ljust(10, '-')            #左对齐,用-填充
'fun-------'
>>>'fun'.ljust(2)                  #指定的宽度不够,字符串原样输出
'fun'
```

3. s.rjust()

s.rjust()函数与 s.center()函数的用法相同,区别是对齐的方式不同。s.rjust()函数实现的是右对齐(right justified),举例如下。

```
>>>'fun'.rjust(10)                 #右对齐,用空格填充
'       fun'
>>>'fun'.rjust(10, '-')            #右对齐,用-填充
'-------fun'
>>>'fun'.rjust(2)                  #指定的宽度不够,字符串原样输出
'fun'
```

4. s.expandtabs(tabsize=8)

该方法将字符串 s 中的跳格键用空格代替,在默认情况下用 8 个空格代替一个跳格键,举例如下。

```
>>>'a\tb'.expandtabs()
'a       b'
>>>'a\tb'.expandtabs(4)            #用 4 个空格代替一个跳格键
'a   b'
```

5. s.strip([<chars>])

该方法删除字符串 s 的开头和结尾处的字符<chars>,其默认值为空白字符,举例

如下。

```
>>>s =' fun\t\n'
>>>s =s.strip()                    #注意重新赋值给 s
>>>s
'fun'
>>>'abcba'.strip('ab')
'c'
```

6. s.lstrip()

s.lstrip()函数从字符串 s 的左侧删除字符,举例如下。

```
>>>s =' fun\t\n'
>>>s =s.lstrip()
>>>s
'fun\t\n'
>>>'abcba'.lstrip('ab')
'cba'
```

7. s.rstrip()

s.rstrip()函数从字符串 s 的右侧删除字符,举例如下。

```
>>>s =' fun\t\n'
>>>s =s.rstrip()
>>>s
' fun'
>>>'abcba'.rstrip('ab')
'abc'
```

8. s.replace(<old>, <new>[, <count>])

该方法将字符串 s 中的子串 old 用子串 new 代替,可选参数 count 表示被替换的 old 个数,举例如下。

```
>>>'a red red rose'.replace('red', 'blue')
'a blue blue rose'
>>>'a red red rose'.replace('red', 'blue', 1)
'a blue red rose'
```

9. s.zfill(<width>)

该方法将字符串 s 的副本用"0"字符填充为指定的宽度<width>并返回,举例如下。

```
>>>'21'.zfill(5)                   #zfill 代表 zero filled
'00021'
>>>s ='+21'
>>>s.zfill(5)                      #符号保持在最左侧
```

```
'+0021'
>>>s                              #原字符串保持不变
'+21'
>>>'-312'.zfill(2)                #指定的宽度不够,原样输出
'-312'
>>>'fun'.zfill(5)
'00fun'
```

7.3.5 字符串与列表和元组相互转换

下面介绍字符串与列表和元组相互转换的方法,该类方法一共包含 6 个,如表 7-8 所示。

表 7-8 相互转换的方法

方 法 名	功 能 描 述
s.join(\<iterable\>)	将可迭代对象中的元素用字符串 s 连接起来
s.partition(\<sep\>)	基于分隔符 sep 切割字符串 s,并返回一个三元组
s.rpartition(\<sep\>)	与 s.partition(\<sep\>)的用法相同,基于最后一次出现的分隔符 sep 切割字符串 s
s.split(sep=None, maxsplit=-1)	将字符串 s 切割为子串列表,sep 为分隔符,maxsplit 为最大切割次数
s.rsplit(sep=None, maxsplit=-1)	与 s.split()函数的用法相同,区别是从右侧开始切割
s.splitlines([\<keepends\>])	基于行边界 keepends 将字符串 s 进行切割,返回一个列表

1. s.join(\<iterable\>)

该方法将可迭代对象中的元素用字符串 s 连接起来,举例如下。

```
>>>','.join(['one', 'two', 'three'])   #此处 s 为","
'one,two,three'
>>>list('good')                        #将字符串转换为列表
['g', 'o', 'o', 'd']
>>>'-'.join('good')                    #字符串也是可迭代对象
'g-o-o-d'
```

2. s.partition(\<sep\>)

基于分隔符 sep 切割字符串 s,其返回值是一个三元组,这 3 个元素分别为:
(1) 字符串 s 中分隔符 sep 前面的部分;
(2) 分隔符 sep 本身;
(3) 字符串 s 中分隔符 sep 后面的部分。

```
>>>'very.good.day'.partition('.')      #基于首次出现的分隔符"."切割
('very', '.', 'good.day')
>>>'a.b'.partition('@')                #在字符串 s 中未找到分隔符@
('a.b', '', '')                        #三元组的后两个元素为空
```

3. s.rpartition(<sep>)

该函数与 s.partition(<sep>)函数的用法相同,区别是前者基于最后一次出现的分隔符 sep 切割字符串 s,举例如下。

```
>>>'one++two++three'.partition('++')
('one', '++', 'two++three')
>>>'one++two++three'.rpartition('++')    #注意区分两个函数的切割效果
('one++two', '++', 'three')
```

4. s.split(sep=None,maxsplit=-1)

该函数将字符串 s 拆分为子串列表。参数 sep 的默认值为空,此时使用空白字符作为分隔符;参数 maxsplit 是最大拆分次数,默认值为-1,即不限制拆分次数,举例如下。

```
>>>'one two\nthree'.split()              #默认使用空白字符拆分字符串
['one', 'two', 'three']
>>>'www.cctv.com'.split('.')             #不限制拆分次数
['www', 'cctv', 'com']
>>>'www.cctv.com'.split('.', 1)          #只拆分一次
['www', 'cctv.com']
```

5. s.rsplit(sep=None,maxsplit=-1)

该函数与 s.split()函数的用法相同,区别是前者从右侧开始拆分,举例如下。

```
>>>'www.cctv.com'.rsplit('.')
['www', 'cctv', 'com']
>>>'www.cctv.com'.rsplit('.', 1)
['www.cctv', 'com']
```

6. s.splitlines([<keepends>])

基于行边界 keepends 将字符串 s 进行切割,返回一个列表。表 7-9 中列出的字符或字符序列都被视作行边界符。

表 7-9 行边界符

行 边 界	说 明
\n	换行符(Newline)
\r	回车符(Carriage Return)
\r\n	回车换行符
\v 或\x0b	垂直制表符(Vertical)
\f 或\x0c	走纸换页(Form Feed)
\x1c	文件分隔符(File Separator)
\x1d	组分隔符(Group Separator)
\x1e	记录分隔符(Record Separator)
\x85	下一行(C1 控制代码)

续表

行 边 界	说 明
\u2028	Unicode 行分隔符
\u2029	Unicode 段落分隔符

```
>>>'one\ntwo\rthree\u2028four'.splitlines()
['one', 'two', 'three', 'four']
>>>'one\f\ftwo'.splitlines()           #注意列表中有一个空元素
['one', '', 'two']
>>>'one\ntwo\rthree'.splitlines(True)  #参数为True时,列表元素保留原行边界
['one\n', 'two\r', 'three']
>>>'one\ntwo\rthree'.splitlines(1)     #整数1等价于True
['one\n', 'two\r', 'three']
```

7.4 小结

本章继续讲述了字符串的有关内容,包括字符串操作符、字符串处理函数、字符串作为一个类提供的许多方法、字符串与列表和元组的相互转换。字符串操作符有4个,分别是+、*、in 和 not in。字符串处理函数有4个,分别是 ord()、chr()、len()和 str()。字符串类提供的方法主要用于大小写转换、查找和替换、字符分类、字符串格式化、字符串与列表和元组的相互转换等。

练习题 7

1. 写出下列表达式的执行结果。

(1) "Hello" + "World"

(2) 2 * "god"

(3) 'm' not in 'mood'

(4) ord('A')

(5) ord('a')

(6) ord('Z')

(7) chr(97)

(8) len("不忘初心")

(9) len("hello")

(10) str(4+3j)

(11) str(2+1)

(12) 'good'[:2]

2. 已知字符串 s = "the lion king",将下列方法依次作用于字符串 s,写出其对应的输出结果。

(1) capitalize()

(2) lower()

(3) swapcase()

(4) title()

(5) upper()

3. 已知 s = "good looking",写出下列代码的执行结果。

(1) s.count('oo')

(2) s.startswith('g')

(3) s.endswith('o')

(4) s.find('o')

(5) s.rfind('m')

(6) s.index('oo')

(7) s.rindex('m')

4. 写出下列代码的执行结果。

(1) '45'.isdigit()

(2) 'while'.isidentifier()

(3) '天'.isidentifier()

(4) '2sum'.isidentifier()

5. 写出下列代码的执行结果。

(1) '和为贵'.center(11,'＊')

(2) 'abcda'.strip('ba')

(3) 'good idea'.replace('good', 'bad')

(4) '-5'.zfill(3)

6. 写出下列代码的执行结果。

(1) '='.join(('1', '2', '3'))

(2) tuple('god')

(3) '1-2-3'.partition('-')

(4) '1-2-3'.split('一')

(5) 'good luck'.split()

(6) 'long\u2029time\x85ago'.splitlines()

7. 将字符串"考试说明"以 10 列居中输出,左右两侧用字符"＋"填充。

8. 已知字符串 x = 'hello world',写出执行语句 x.replace('hello', 'hi')后 x 的值。

9. 编写代码,删除字符串"　Hello World　"中左右两侧的空格,得到字符串"Hello World"。

第 8 章 正则表达式

字符串提供的方法能够完成诸如匹配、定位中一些较简单的字符串处理任务,如判断变量 s 是否包含子串 123:

```
>>>s ='good123luck'
>>>'123' in s
True
>>>s.find('123')                    #子串定位
4
>>>s.index('123')                   #子串定位
4
```

在一些较复杂的字符串处理任务中,如提取字符串"We456Love123China876"中所有的 3 个连续出现的十进制数字。此时,字符串提供的方法就无能为力了,这种情况就需要使用正则表达式技术。

8.1 正则表达式的定义

教学课件

正则表达式(regular expression)是一个特殊的字符序列,它定义了字符串的匹配模式。本书有时将正则表达式简记为 regex。Python 语言在 re 模块中实现了正则表达式的功能,在使用前需要加载该模块:

```
>>>import re①
```

先学习查找函数 re.search() 的使用,其函数原型:

```
re.search(<regex>, <string>, <flag>)
```

参数说明如下所示。
regex:模式。
string:字符串。

---
① re 模块的版本号 2.2.1。

flags：匹配标志。

功能：在字符串 string 中查找与模式 regex 第一次匹配的位置。

返回值：匹配成功时返回一个 match 对象；否则返回空（None）。

导入 re.search() 函数的两种方式：

（1）import re，然后使用 re.search(…)；

（2）from re import search，然后直接使用 search(…)。

```
>>>s ='go123home'
>>>import re
>>>re.search('123', s)
<_sre.SRE_Match object; span=(2, 5), match='123'>
```

上述代码返回一个 match 对象，表明模式 123 在字符串 s 中。

在 search() 函数返回的 match 对象中，属性 match 代表匹配的内容；属性 span 表示匹配的起点和终点（不包括），可以将此处的起点和终点作为切片的参数得到与＜regex＞相匹配的字符串：

```
>>>s[2:5]
'123'
>>>print(re.search('456', s))           #返回值为空,表明模式456未出现在s中
None
>>>if re.search('123', s):              #函数search()的返回值作为if语句的条件
        print("找到匹配!")
else:
        print("不匹配!")
```

程序的输出结果：

```
找到匹配!
```

正则表达式一般由普通字符、特殊字符和数量词组成。特殊字符又称为元字符。在正则表达式"car\w+"中，"car"为普通字符，"\w"为特殊字符，"+"为数量词。

8.2 元字符

元字符具有特殊含义，它能极大地增强 regex 引擎的搜索能力。表 8-1 中列出了模块 re 支持的元字符。

表 8-1 模块 re 支持的元字符

字　符	含　义
.	匹配除换行符以外的任意单个字符
[]	指定一个方括号字符集

续表

字 符	含 义
^	匹配行首； 形成方括号字符集的补集，如[^ab]表示不匹配字母 a 和 b
$	匹配行尾
\	转义元字符，使元字符失去其特殊含义； 引入特殊的字符类，比如\w、\d； 引入分组回溯
*	匹配*之前的字符或子模式 0 次或多次重复出现
+	类似于*，匹配一次或多次重复出现
?	类似于*和+，匹配 0 次或一次重复出现； 指定*、+和?的非贪婪版本
{}	匹配明确指定的重复次数，如{2,3}表示重复 2 次或 3 次
|	指定替换项
()	创建组
:、#、=、!	指定特殊的组
<>	创建命名组

对于没有出现在表 8-1 中的其他字符，regex 解析器均将其看作普通字符。

8.2.1 点与方括号字符集

foo[td]可以匹配 foot 和 food。方括号字符集还支持使用连字符"—"，[a-z]匹配任意一个小写英文字母，从 a 到 z；而[A-Z]匹配任意一个大写英文字母，从 A 到 Z；[0-9]匹配任意一个阿拉伯数字，从 0 到 9。

```
>>>re.search('foo[td]', 'football')
<_sre.SRE_Match object; span=(0, 4), match='foot'>
```

如果^是方括号字符集的第 1 个字符，则形成方括号字符集的补集。[^0-9]表示不匹配 0 到 9 十个阿拉伯数字。如果^不是方括号字符集的第 1 个字符，则它只是一个普通的字符。

下列模式仅匹配字符^本身。

```
>>>re.search('[#:^]', 'bat^god:hat')
<_sre.SRE_Match object; span=(3, 4), match='^'>
```

regex 从左往右扫描字符串"bat^god:hat"，只要搜索到方括号字符集中列出的字符，搜索立即结束。

如果想匹配连字符"—"本身，则将它作为方括号字符集的第一个字符或最后一个字符或使用反斜杠"\"对其进行转义：

```
>>>re.search('[-xy]', '12-34')                    #作为方括号字符集的第1个字符
<_sre.SRE_Match object; span=(2, 3), match='-'>
>>>re.search('[xy-]', '12-34')                    #作为最后一个字符
<_sre.SRE_Match object; span=(2, 3), match='-'>
>>>re.search('[x\-y]', '12-34')                   #用反斜杠转义
<_sre.SRE_Match object; span=(2, 3), match='-'>
```

如果想匹配字符"["，则将它作为方括号字符集的最后一个字符或使用反斜杠"\"对其进行转义：

```
>>>re.search('[xy[]', 'god[1]')                   #作为最后一个字符
<_sre.SRE_Match object; span=(3, 4), match='['>
>>>re.search('[x\[y]', 'god[1]')                  #使用反斜杠转义
<_sre.SRE_Match object; span=(3, 4), match='['>
```

类似地，如果想匹配字符"]"，则将它作为方括号字符集的第一个字符或使用反斜杠"\"对其进行转义：

```
>>>re.search('[]xy]', 'god[1]')                   #作为第一个字符
<_sre.SRE_Match object; span=(5, 6), match=']'>
>>>re.search('[x\]y]', 'god[1]')                  #使用反斜杠转义
<_sre.SRE_Match object; span=(5, 6), match=']'>
```

其他元字符在方括号字符集中都将失去其原来的特殊含义：

```
>>>re.search('[*|]', '12*34')                     #*和|两个字符都失去其特殊意义
<_sre.SRE_Match object; span=(2, 3), match='*'>
```

点"."匹配除换行符以外的任意单个字符：

```
>>>re.search('bat.bar', 'batxbar')                #.匹配字符x
<_sre.SRE_Match object; span=(0, 7), match='batxbar'>
>>>print(re.search('bat.bar', 'batbar'))          #.不能匹配空
None
>>>print(re.search('bat.bar', 'bat\nbar'))
None
```

在上述代码中，"."不能匹配换行符\n。可以使用匹配标志re.S或re.DOTALL，强制元字符"."匹配换行符，参见本章后面的内容。

8.2.2 特殊字符类

1. \w 和 \W

\w匹配任意单个字母或数字字符，等价于[a-zA-Z0-9_]，一共包含63个字符，w是word(单词)的首字母。

```
>>>re.search('\w', ').x$')                    #\w与).x$中的x相匹配
<_sre.SRE_Match object; span=(2, 3), match='x'>
```

模式\W 与\w 的功能正好相反,它等价于[^a-zA-Z0-9_]。

```
>>>re.search('\W', 'a1_#b')                   #\W与#相匹配
<_sre.SRE_Match object; span=(3, 4), match='#'>
```

2. \d 和\D

\d 匹配任意单个十进制数字字符,它等价于[0-9],d 是 digit(数字)的首字母。

```
>>>re.search('\d', 'ab2c')
<_sre.SRE_Match object; span=(2, 3), match='2'>
```

\D 与\d 的功能正好相反,它等价于[^0-9]。

```
>>>re.search('\D', 'ab2c')
<_sre.SRE_Match object; span=(0, 1), match='a'>
```

3. \s 和\S

\s 匹配任何单个空白字符。Python 语言支持 6 个空白字符,如表 7-6 所示。也就是说,\s 等价于[\f\n\r\t\v],s 是 space(空格)的首字母。

\S 与\s 的功能正好相反,它等价于[^ \f\n\r\t\v]。

```
>>>re.search('\s', 'good luck')               #\s 匹配空格
<_sre.SRE_Match object; span=(4, 5), match=' '>
>>>re.search('\s', 'good\nluck')              #\s 匹配换行符\n
<_sre.SRE_Match object; span=(4, 5), match='\n'>
>>>re.search('\S', ' \n god \n ')             #\S匹配字符 g
<_sre.SRE_Match object; span=(3, 4), match='g'>
```

\w、\W、\d、\D、\s 和\S 可以在方括号字符集中使用。

```
>>>re.search('[\s\d\w]', '=1=')               #\d 与 1 匹配①
<_sre.SRE_Match object; span=(2, 3), match='1'>
```

8.2.3 转义字符

转义字符"\"除了可以引入特殊字符类,如模式\w,还可以转义元字符,使元字符失去其特殊含义。

下面的"."是元字符,匹配除换行符以外的任意单个字符。

---

① \w 也能与 1 相匹配,但是在方括号字符集中,\d 出现在\w 的前面,因此与 1 匹配的是\d 而不是\w。

```
>>>re.search('.', 'bat.bar')                    #匹配字符 b
<_sre.SRE_Match object; span=(0, 1), match='b'>
>>>re.search('\.', 'bat.bar')                   #转义"."使其只能匹配自身
<_sre.SRE_Match object; span=(3, 4), match='.'>
```

假如想转义反斜杠自身该怎么办呢？使用两个反斜杠"\\"可以得到一个反斜杠吗？第一个反斜杠用来改变第二个反斜杠原来的特殊含义，这样可以吗？答案是否定的。想要传递两个反斜杠"\\"给 regex 解析器，需要使用 4 个反斜杠"\\\\"。这是因为 Python 解释器读取这 4 个反斜杠后，首先将其分为两组，前两个反斜杠一组、后两个反斜杠一组。每一组中的第一个反斜杠将第二个反斜杠转换为普通字符，最终 Python 解释器实际传递给 regex 解析器的是两个反斜杠，而这正是我们所期望的[①]。正则表达式 regex、Python 解释器和 regex 解析器三者之间的关系，如图 8-1 所示。

图 8-1　三者之间的关系

为了转义一个反斜杠需要使用四个反斜杠，这种用法显然太麻烦了，因此建议使用"r"修饰符，r 代表原始字符串"raw string"。r'\\'的意思是让 Python 解释器原封不动地将字符串"\\"传递给 regex 解析器：

```
>>>s =r'bee\bed'[②]                             #注意使用 r 修饰符
>>>print(s)
bee\bed
>>>re.search(r'\\', s)                          #注意使用 r 修饰符
<_sre.SRE_Match object; span=(3, 4), match='\\'>
```

8.2.4　边界匹配

1. 匹配行首（^）

```
>>>re.search("^book", "bookbut")                #匹配成功
<re.Match object; span=(0, 4), match='book'>
>>>print(re.search("^but", "bookbut"))
None                                            #不匹配，bookbut 不以 but 开头
```

2. 匹配行尾（$）

```
>>>re.search("but$", "bookbut")                 #匹配成功
<re.Match object; span=(4, 7), match='but'>
>>>print(re.search("book$", "bookbut"))
None                                            #不匹配，bookbut 不以 book 结尾
```

[①]　此处只是想让 regex 解析器将反斜杠看作普通字符，因此需要传递给它两个反斜杠。
[②]　注意：在 Python 语言中\b 是退格键（Backspace）。

一种特殊情况是在字符串末尾仅有一个换行符时也可以匹配。

```
>>>re.search('bar$', 'goodbar\n')
<_sre.SRE_Match object; span=(4, 7), match='bar'>
```

由上述代码可知,正则表达式 bar$ 既可以匹配 goodbar,又可以匹配 goodbar\n。但是在字符串末尾有两个及以上换行符时就不能匹配了,读者可以试一试。

3. \b 和 \B

\b 匹配一个单词[①]的开头或结尾,b 是 boundary(边界)的首字母。

```
>>>re.search(r'\bbat', 'good bat')
<_sre.SRE_Match object; span=(5, 8), match='bat'>
>>>re.search(r'\bbat', 'good-bat')
<_sre.SRE_Match object; span=(5, 8), match='bat'>
>>>re.search(r'\bbat', 'good.bat')
<_sre.SRE_Match object; span=(5, 8), match='bat'>
>>>print(re.search(r'\bbat', 'goodbat'))
None
>>>re.search(r'\bluck\b', 'good luck')          #匹配单词 luck
<_sre.SRE_Match object; span=(5, 9), match='luck'>
```

\B 与 \b 的功能正好相反,它等价于[^\b]。

```
>>>print(re.search(r'\Bbat\B', 'bat'))          #不匹配
None
>>>re.search(r'\Bbat\B', 'goodbatbird')         #匹配
<_sre.SRE_Match object; span=(4, 7), match='bat'>
```

8.2.5 数量词

1. 数量词"*"

匹配零次或多次重复。

```
>>>re.search('bat-*', 'bat')                    #匹配 0 个"-"
<_sre.SRE_Match object; span=(0, 3), match='bat'>
>>>re.search('bat-*', 'bat-')                   #匹配 1 个"-"
<_sre.SRE_Match object; span=(0, 4), match='bat-'>
>>>re.search('bat-*', 'bat--')                  #匹配 2 个"-"
<_sre.SRE_Match object; span=(0, 5), match='bat--'>
>>>re.search('bat.*luck', '#bat$whui@luck')
<_sre.SRE_Match object; span=(2, 16), match='bat$whui@luck'>
```

---

① 此处的单词只能由大小写 52 个英文字母、0~9 十个阿拉伯数字和一个下画线"_"组成。

上述"."匹配除换行符以外的任意单个字符,因此模式".*"匹配"＄whui＠",共计7个字符。

2. 数量词"＋"

匹配一次或多次重复。

```
>>>print(re.search('bat-+bird', 'batbird'))         #不匹配
None
```

在上述代码中,字符串 batbird 中没有-,因此模式"bat-＋bird"与之不匹配。

```
>>>re.search('bat-+bird', 'bat-bird')               #匹配
<_sre.SRE_Match object; span=(0, 8), match='bat-bird'>
```

3. 数量词"?"

匹配零次或一次重复。

```
>>>re.search('bat-?bird', 'batbird')                #匹配,"-"出现 0 次
<_sre.SRE_Match object; span=(0, 7), match='batbird'>
>>>re.search('bat-?bird', 'bat-bird')               #匹配,"-"出现 1 次
<_sre.SRE_Match object; span=(0, 8), match='bat-bird'>
>>>print(re.search('bat-?bird', 'bat--bird'))       #不匹配
None
```

在上述代码中,字符"-"在字符串 bat--bird 中出现了 2 次,因此模式"bat-? bird"与之不匹配。

上述三个数量词"＊"、"＋"和"?"单独使用时都是贪婪式的,也就是匹配尽可能多的字符。

```
>>>re.search('<.*>', '<bat><bird>')                 #贪婪式,匹配的是<bat><bird>
<_sre.SRE_Match object; span=(0, 12), match='<bat><bird>'>
```

在这三个数量词"＊"、"＋"和"?"的后面各添加一个"?",变成非贪婪式"＊?"、"＋?"和"??"。

```
>>>re.search('<.*?>', '<bat><bird>')                #非贪婪式,匹配的是<bat>
<_sre.SRE_Match object; span=(0, 5), match='<bat>'>
>>>re.search('ha?', 'haaa')                         #贪婪式,匹配的是 ha
<_sre.SRE_Match object; span=(0, 2), match='ha'>
>>>re.search('ha??', 'haaa')                        #非贪婪式,匹配的是 h
<_sre.SRE_Match object; span=(0, 1), match='h'>
```

4. 数量词"{m}"

匹配 m 次重复。

```
>>>print(re.search('a-{2}a', 'a-a'))            #不匹配
None
>>>re.search('a-{2}a', 'a--a')                  #匹配
<_sre.SRE_Match object; span=(0, 4), match='a--a'>
```

5. 数量词"{m，n}"[①]

匹配至少 m 次，至多 n 次重复。

```
>>>re.search('a-{1,3}a', 'a---a')               #匹配
<_sre.SRE_Match object; span=(0, 5), match='a---a'>
```

省略 m 时，"{，n}"等价于"{0，n}"；省略 n 时，"{m，}"匹配至少 m 次重复；m 和 n 都省略时，"{，}"匹配任意次重复，此时等价于"＊"：

```
>>>re.search('bat-*', 'bat')                    #匹配 bat
<_sre.SRE_Match object; span=(0, 3), match='bat'>
>>>re.search('bat-{,}', 'bat')                  #匹配 bat,{,}等价于 *
<_sre.SRE_Match object; span=(0, 3), match='bat'>
```

注意："{，}"中逗号不能省略。

```
>>>re.search('a{}b', 'aa{}bb')                  #将{}作为普通的字符串
<_sre.SRE_Match object; span=(1, 5), match='a{}b'>
```

数量词"{m，n}"对应的非贪婪式为"{m，n}?"。实际上贪婪式"{m，n}"等价于"{n}"，而非贪婪式"{m，n}?"等价于"{m}"。

8.2.6 子模式

小括号"()"定义子模式或组。

```
>>>re.search('(bat)', 'good bat bird')          #定义一个组或子模式(bat)
<_sre.SRE_Match object; span=(5, 8), match='bat'>
```

注意：小括号"()"定义的组被作为一个整体看待。

```
>>>re.search('(bat)+', 'good batbat bird')
<_sre.SRE_Match object; span=(5, 11), match='batbat'>
```

在上述代码中，将模式 bat 看作一个整体，从而能够匹配字符串 good batbat bird 中的 batbat。

```
>>>re.search('bat+', 'good batbat bird')        #没有定义组,只能匹配 bat
<_sre.SRE_Match object; span=(5, 8), match='bat'>
```

[①] 注意数量词{m,n}的写法,逗号与 n 之间不能有空格。

模式"(bat)+"能匹配 bat、batbat、batbatbat 等；而模式"bat+"只能匹配 bat、batt、battt 等。

match 对象有两个方法：group()和 groups()。groups()方法的返回值是一个元组，其中包含了从匹配中捕获的所有组：

```
>>>m = re.search('(\w+),(\w+)','good,bat')
>>>m.groups()
('good', 'bat')
```

group(<n>)方法返回捕获的第 n 个字符串：

```
>>>m.group(1)                    #第 1 个捕获的匹配项不是 m.group(0)
'good'
>>>m.group(2)                    #第 2 个捕获的匹配项
'bat'
```

group(0)或 group()返回整个匹配项：

```
>>>m.group(0)                    #与 m.groups()方法的返回值进行对比
'good,bat'
>>>m.group()                     #等价于 m.group(0)
'good,bat'
```

反向引用(backreference)：在同一个 regex 中使用刚刚捕获的组。\<n>代表捕获的第 n 组，n 是一个整数，其取值范围为[1, 99]。

```
>>>m = re.search(r'(\w+),\1', 'bat,bat')    #\1 反向引用(\w+)
>>>m
<_sre.SRE_Match object; span=(0, 7), match='bat,bat'>
>>>m.group(1)
'bat'
>>>m = re.search(r'(\w+),\1', 'good,bat')
>>>print(m)                                  #不匹配
None
```

注意：当 regex 中包含反向引用时最好使用 r 修饰符。

管道(|)：指定一组匹配备选项。

```
>>re.search('a|b|c', 'abc')
<_sre.SRE_Match object; span=(0, 1), match='a'>
>>>re.search('(one|two|three)+', 'onetwo')
<_sre.SRE_Match object; span=(0, 6), match='onetwo'>
```

另外还有创建命名组、条件匹配、向前看断言(lookahead assertion)以及向后看断言

(lookbehind assertion),限于篇幅在此不再介绍。

8.3 匹配标志

正则表达式模块 re 支持的匹配标志,简要总结在表 8-2 中。

表 8-2 匹配标志

简 称	长 名 称	效 果
re.I	re.IGNORECASE	匹配时不区分大小写
re.M	re.MULTILINE	使"^"和"$"匹配多行
re.S	re.DOTALL	使点"."匹配换行符
re.X	re.VERBOSE	允许在 regex 中使用空格和注释
—	re.DEBUG	使 regex 解析器在控制台显示调试信息
re.A	re.ASCII	只匹配 ASCII 字符
re.U	re.UNICODE	匹配 Unicode 字符(默认值)
re.L	re.LOCALE	根据本地字符集匹配字符

1. re.I(re.IGNORECASE)

```
>>>re.search('a+', 'Aa')                    #只匹配 a
<_sre.SRE_Match object; span=(1, 2), match='a'>
>>>re.search('a+', 'Aa', re.I)              #匹配标志 re.I 使之匹配 Aa
<_sre.SRE_Match object; span=(0, 2), match='Aa'>
```

2. re.M(re.MULTILINE)

```
>>>s ='good\nbat\nbird'                     #变量 s 由 3 行字符串组成
>>>re.search('^good', s)                    #只匹配第 1 行行首
<_sre.SRE_Match object; span=(0, 4), match='good'>
>>>print(re.search('^bat', s))              #不匹配第 2 行行首
None
>>>re.search('^bat', s, re.M)               #re.M 使之也匹配第 2 行行首
<_sre.SRE_Match object; span=(5, 8), match='bat'>
>>>re.search('bird$', s)                    #匹配行尾
<_sre.SRE_Match object; span=(9, 13), match='bird'>
>>>print(re.search('good$', s))             #不匹配第 1 行行尾
None
>>>re.search('good$', s, re.M)              #re.M 使之也匹配第 1 行行尾
<_sre.SRE_Match object; span=(0, 4), match='good'>
```

3. re.S(re.DOTALL)

使得点"."元字符也能与换行符相匹配:

```
>>>print(re.search('bat.bird', 'bat\nbird'))
None
```

在上述代码中,元字符"."与"\n"不能匹配。

```
>>>re.search('bat.bird', 'bat\nbird', re.S)
<_sre.SRE_Match object; span=(0, 8), match='bat\nbird'>
```

匹配标志 re.S 使得元字符"."与"\n"能匹配。

4. re.X(re.VERBOSE)

该匹配标志允许在 regex 中使用空格和注释,以增加代码的可读性:

```
>>>regex = r'''
    (\w+)                        #第1个单词
    \s                           #空格
    (\w+)                        #第2个单词
    '''
>>>m = re.search(regex, 'good luck', re.X)
>>>m.groups()
('good', 'luck')
```

5. re.DEBUG

命令 regex 解析器输出调试信息:

```
>>>re.search('a[123]{2,4}b', 'a222b', re.DEBUG)
LITERAL 97                       #字符 a 的 ASCII 码值
MAX_REPEAT 2 4                   #最多重复2至4次
  IN
    LITERAL 49                   #字符 1 的 ASCII 码值
    LITERAL 50                   #字符 2 的 ASCII 码值
    LITERAL 51                   #字符 3 的 ASCII 码值
LITERAL 98                       #字符 b 的 ASCII 码值
<_sre.SRE_Match object; span=(0, 5), match='a222b'>
```

6. re.A(re.ASCII)、re.U(re.UNICODE)和 re.L(re.LOCALE)

ASCII 和 LOCALE 匹配标志只有在特殊情况下才会用到。一般而言,最好使用默认的 Unicode 编码,它使 regex 解析器能正确地处理当今世界上的任何一种语言。也可以将上述匹配标志结合使用,如将 re.I 和 re.M 按位或操作符(|)结合起来:

```
>>>re.search('^bat', 'GOOD\nBAT\nBIRD', re.I | re.M)
<_sre.SRE_Match object; span=(5, 8), match='BAT'>
```

匹配标志除了可以作为 re 模块中函数的参数外,还可以在 regex 中使用,其使用方式为(?<flags>),flags 的值是集合{'a', 'i', 'L', 'm', 's', 'u', 'x'}中的一个或多个字符,这些字符与匹配标志之间的对应关系如表 8-3 所示。

表 8-3 flags 的取值范围

字　符	匹 配 标 志	字　符	匹 配 标 志
a	re.A 或 re.ASCII	s	re.S 或 re.DOTALL
i	re.I 或 re.IGNORECASE	u	re.U 或 re.UNICODE
L	re.L 或 re.LOCALE	x	re.X 或 re.VERBOSE
m	re.M 或 re.MULTILINE		

下面两种用法是等价的。

```
>>>re.search('^bat', 'GOOD\nBAT\nBIRD\n', re.I|re.M)
<_sre.SRE_Match object; span=(5, 8), match='BAT'>
>>>re.search('(?im)^bat', 'GOOD\nBAT\nBIRD\n')
<_sre.SRE_Match object; span=(5, 8), match='BAT'>
```

程序源码

8.4　模块 re 的常用方法

前面几节以 re 模块提供的 search()方法为例,讲解了正则表达式的相关内容,本节讲解 re 模块中的其他常用方法,如表 8-4 所示。

表 8-4　模块 re 的常用方法

方　法　名	功　能　描　述
compile(pattern[, flags])	创建模式对象
search(pattern, string[, flags])	在整个字符串中寻找模式,返回 match 对象或 None
match(pattern, string[, flags])	从字符串的开始处匹配模式,返回 match 对象或 None
findall(pattern, string[, flags])	列出字符串中模式的所有匹配项
split(pattern, string[, maxsplit=0])	依据模式的匹配项切割字符串
sub(pattern, repl, string[, count=0])	将字符串中所有模式的匹配项用 repl 代替①
escape(string)	将 re 模块中具有特殊含义的字符进行转义

1. compile()方法

```
import re
pat = re.compile('red')                    #创建模式对象 red
result = pat.findall('a red red rose.')
print(result)
result2 = pat.findall("a blue rose and a red rose.")
print(result2)
```

---

① sub()方法是代替(substitute)的意思。

上述代码的输出结果：

```
['red', 'red']
['red']
```

2. match()方法

```
import re
lt =["good guy", "good luck", "good look"]
for ele in lt:
    z =re.match("(g\w+)\W(l\w+)", ele)
    if z:
        print(z.groups())
```

上述代码的输出结果：

```
('good', 'luck')
('good', 'look')
```

3. findall()方法

```
import re
txt ="whui@tust.edu.cn, ylx@qq.com, abc@google.com"
emails =re.findall(r'[\w\.-]+@[\w\.-]+', txt)
for email in emails:
    print(email)
```

上述代码的输出结果：

```
whui@tust.edu.cn
ylx@qq.com
abc@google.com
```

4. split()方法①

```
import re
txt ="12__one,,two,_three_,four"
result =re.split('[_,][_,]', txt)
print(result)
```

上述代码的输出结果：

```
['12', 'one', 'two', 'three', 'four']
import re
txt ="one75two6three314four"
```

---

① 正则表达式模块 re 提供的 split() 方法，比字符串类提供的 split() 方法功能更强大。

```
result = re.split('\d+', txt)
print(result)
```

上述代码的输出结果：

```
['one', 'two', 'three', 'four']
```

5. sub()方法

```
import re
phone = "655-635-00"                    #这是一个座机号码"
num = re.sub(r'#.*$', "", phone)        #删除注释
print("Phone Number:", num)
num = re.sub(r'\D', "", phone)          #除数字之外删除所有的符号
print("Phone Number:", num)
```

上述代码的输出结果：

```
Phone Number: 655-635-00
Phone Number: 65563500
```

6. escape()方法

```
>>>p = '3 * (21) .5?'
>>>re.escape(p)
'3\\ * \\(21\\) \\.5\\?'
```

上述代码显示了 re.escape() 方法是如何将字符串中的特殊字符进行转义的。

8.5 小结

为解决较复杂的字符串处理任务，Python 语言提供了正则表达式模块 re，具体内容包括正则表达式的定义、元字符、匹配标志和 re 模块的常用方法，如 compile()方法、search()方法、match()方法、escape()方法等。

练习题 8

1. 提取字符串"yogurt at 24"中的英文单词并输出。
2. 提取字符串变量 txt 中的手机号码并输出。

```
txt = '''
王同学：18698064670
张同学：022-60600219
李同学：15022523916
'''
```

3. 输出字符串 s = "a red red flag"中连续出现两次的单词。

4. 输出字符串 s = "您好！中国 2022"中所有的汉字。提示：中文的 Unicode 编码[\u4e00-\u9fa5]，共计 20902 个汉字。

5. 请删除字符串 s = "\taa   b cde ff   "中多余的空格，多个连续的空格只保留一个，字符串左右两边的所有空白字符也要删除。

6. 求表达式 re.sub('\d+', '1', 'a123bb45c')的值。

7. 求表达式''.join(re.findall('\d+', 'abcd1234'))的值。

8. 求表达式 re.split('\.+', 'one.two...three')的值。

9. 已知 x = 'a24b123c'，求表达式 re.split('\d+', x)的值。

10. 求表达式''.join(re.split('[ds]', 'asdssff'))的值。

11. 求表达式 re.findall('(\d)\\1+', '33ad112')的值。

12. 代码 print(re.match('ab', 'def'))的输出结果是什么？

13. 代码 print(re.match('^[a-zA-Z]+$', 'abc000DEF'))的输出结果是什么？

14. 写出下列程序的输出结果_____。

```
import re
s = """
北京 010
上海 021
天津 022
"""
m = re.search(r"\d{3,}$", s, re.M)
print(m.group())
```

第 9 章 异常处理与代码调试

首先要区分错误(error)与异常(exception),错误发生在编译/翻译阶段。

```
>>>if a <5                              #整数 5 后面缺少一个英文冒号
SyntaxError: invalid syntax
```

错误也会发生在运行阶段,此时叫作异常。

```
>>>1 / 0                                #被 0 除
Traceback (most recent call last):
  File "<pyshell#320>", line 1, in <module>
    1 / 0
ZeroDivisionError: division by zero
```

9.1 异常处理结构

1. assert 断言语句

```
>>>import sys
>>>assert sys.version_info >=(3, 8)
```

执行上述代码,如果操作系统安装的 Python 编译器版本不低于 3.8,则 assert 断言的执行结果为 True,程序继续执行;否则,断言的执行结果为 False,程序的执行结果如下。

```
Traceback (most recent call last):
  File "<pyshell#20>", line 1, in <module>
    assert sys.version_info >=(3, 8)
AssertionError
```

再看一个例子:

```
>>>import sklearn①
>>>assert sklearn.__version__>="0.20"    #sklearn 的版本号低于 0.2 时抛出异常
```

---

① sklearn 是 Scikit-learn 的简称。sklearn 是一个开源的、基于 Python 语言的机器学习库。

2. try-except 语句

在 try 语句中编写可能引发异常的代码,而把捕获或处理异常的代码放在 except 子句中:

```
try:
    在此处编写代码
except Exception1:
    如果发生 Exception1 异常,则执行此处的代码
except Exception2:
    如果发生 Exception2 异常,则执行此处的代码
    ⋮
else:
    如果没有异常发生,则执行此处的代码
finally:
    无论发生什么情况,都会执行此处的代码
```

这里有两点需要注意:
(1) 一个异常处理结构可以没有 except 子句、else 子句或 finally 子句;
(2) try 语句不能单独使用,必须与 except 子句或 finally 子句配合使用。

下面给出一个示例:

```
try:
    fp = open('app.log', 'w')           #以写模式 w 打开文件 app.log
    fp.write('测试异常!')                #将"测试异常!"输出到该文件
except IOError:                          #输入输出错误 IOError
    print("文件错误!")
else:                                    #无异常发生时执行此处代码
    print("写入成功!")
fp.close()                               #关闭文件
```

程序的运行结果:

```
写入成功!
```

当然,上述代码除了在控制台输出字符串"写入成功!"外,还在当前文件夹下生成一个文件 app.log,该文件的内容只有一行字符串"测试异常!"。

再看一个例子,在该例子中以读模式 r 打开一个文件,如果此时执行写操作则抛出异常:

```
try:
    fp = open('app.log', 'r')           #以只读模式 r 打开文件 app.log
    fp.write("测试异常!")                #引发异常,文件以只读模式打开,不能写
except IOError:                          #输入输出错误 IOError
    print("文件错误!")
else:                                    #无异常发生时执行此处代码
```

```
    print("写入成功!")
fp.close()                                          #关闭文件
```

程序的运行结果：

```
文件错误!
```

如果在异常处理结构中只使用一个 except 子句，那么它将捕获所有类型的异常。虽然这样做省时省力，但这并不是一种好的编程实践，因为程序员不能据此确定是什么问题导致程序发生了异常。

当 try 语句块中的代码发生异常时，在异常点之后的代码将被跳过，程序的控制流直接跳转到相应的异常处理子句。下面给出一个示例。

程序源码

```
try:
    fp = open('app.log', 'r')               #以只读模式 r 打开文件 app.log
    fp.write("测试异常!")                    #引发异常,文件以只读模式打开,不能写
    print('try 语句块执行完毕!')
finally:
    fp.close()                              #关闭文件
    print('finally 子句执行完毕!')
```

上述代码的执行结果：

```
finally 子句执行完毕!
Traceback (most recent call last):
  File "C:/Users/whui/Desktop/Python 教材编写/demo.py", line 3, in <module>
    fp.write("测试异常!")
io.UnsupportedOperation: not writable
```

由上述代码的执行结果可以看出，第一个 print() 语句并没有被执行，因为它的前一条语句引发了异常，异常点之后的代码（try 语句块中）都被跳过了。尽管发生了异常，但是 finally 子句依然被执行了。修改上述代码，将只读模式 r 修改为写模式 w，重新执行上述程序，代码的执行结果如下。

```
try 语句块执行完毕!
finally 子句执行完毕!
```

异常处理结构是可以嵌套使用的。下面的示例代码往一个以只读模式 r 打开的文件中写入数据。

```
try:
  try:
    fp = open('app.log', 'r')               #以只读模式 r 打开文件 app.log
    fp.write("测试异常!")                    #将字符串"测试异常!"输出到该文件
    print('try 语句块执行完毕!')
```

```
    finally:
        fp.close()                              #关闭文件
        print('finally子句执行完毕!')
except IOError:                                 #输入输出错误IOError
    print("文件错误!")
```

程序的执行结果:

```
finally子句执行完毕!
文件错误!
```

内层的 try 语句块引发了异常,但是并没有捕获(catch),该异常被外层的异常处理结构捕获并处理了。

3. raise 语句

可以使用 raise 语句主动抛出异常,下面的代码使用 raise 抛出"内存错误"异常。

```
>>>raise MemoryError                            #"内存错误"异常
Traceback (most recent call last):
  File "<pyshell#0>", line 1, in <module>
    raise MemoryError
MemoryError
```

MemoryError 异常可以带有参数:

```
>>>raise MemoryError('This is an argument')
Traceback (most recent call last):
  File "<pyshell#1>", line 1, in <module>
    raise MemoryError('This is an argument')
MemoryError: This is an argument
```

在上述代码中,给异常类 MemoryError 传递了一个字符串参数"This is an argument"。下面给出一个具体的示例。

```
try:
    a = int(input("请输入一个正整数: "))
    if a <= 0:
    #抛出 ValueError 异常
        raise ValueError('这不是一个正数!')
except ValueError as ve:                        #捕获 ValueError 异常
    print(ve)
```

执行上述代码,输入-5,程序的执行结果如下。

```
请输入一个正整数: -5
这不是一个正数!
```

9.2 自定义异常

自定义异常的基本思路：从基础异常类 Exception 派生出一个新的异常类。接下来自定义一个异常类 UserDefinedError。

```
>>>class UserDefinedError(Exception):    #其父类为 Exception
    pass
>>>raise UserDefinedError                #抛出自定义异常 UserDefinedError
Traceback (most recent call last):
  File "<pyshell#6>", line 1, in <module>
    raise UserDefinedError
UserDefinedError
```

给自定义异常类 UserDefinedError 传递一个实参'An error occurred.'：

```
>>>raise UserDefinedError('An error occurred.')
Traceback (most recent call last):
  File "<pyshell#7>", line 1, in <module>
    raise UserDefinedError('An error occurred.')
UserDefinedError: An error occurred.
```

下面通过一个示例演示如何引发用户自定义的异常类，并捕获程序中出现的错误。程序的功能如下。

（1）提示用户反复输入一个字符，直至输入的字符等于程序中指定的字符为止；
（2）在没有猜中之前，提示用户其猜测是大于还是小于指定的字符。

下面演示自定义异常类的使用。

```
class Error(Exception):
    """ 其他自定义异常类的基类 """
    pass                                  #空语句不执行任何操作,为语法需要而添加
class TooSmallError(Error):
    """ 当输入的字母小于实际字母时引发该异常 """
    pass
class TooLargeError(Error):
    """ 当输入的字母大于实际字母时引发该异常 """
    pass

alphabet = 'n'                            #实际的字母值
while True:                               #无限循环
    try:
        letter =input("输入一个英文字母: ")
        if letter <alphabet:
            raise TooSmallError           #抛出异常 TooSmallError
```

```
            elif letter >alphabet:
                raise TooLargeError          #抛出异常 TooLargeError
            break
    except TooSmallError:                    #处理异常 TooSmallError
        print("输入的字母太小,请再试一次!")
        print()                              #输出一个空行
    except TooLargeError:                    #处理异常 TooLargeError
        print("输入的字母太大,请再试一次!")
        print()                              #输出一个空行
print("恭喜!你猜对了。")
```

程序的一次运行结果如下。

```
输入一个英文字母:c
输入的字母太小,请再试一次!

输入一个英文字母:w
输入的字母太大,请再试一次!

输入一个英文字母:n
恭喜!你猜对了。
```

为了方便查阅资料,表 9-1 列出了 Python 内置的 33 个异常类。

表 9-1 Python 内置的异常类

异　　常	发生异常的原因
ArithmeticError	数值计算错误
AssertionError	断言语句 assert 为假
AttributeError	属性引用或赋值失败
BaseException	所有异常的基类
EOFError	不能读取数据或文件指针已位于文件末尾
Exception	内置的、非系统退出异常类的基类
EnvironmentError	发生在 Python 环境之外的错误
FloatingPointError	浮点操作失败
GeneratorExit	调用了生成器的 close()方法
ImportError	模块不可用
IOError	输入/输出操作错误
IndexError	序列的索引超出范围
KeyError	字典中不存在指定的键

续表

异　　常	发生异常的原因
KeyboardInterrupt	用户输入了中断键(Ctrl-C 或 Delete)
MemoryError	内存不足
NameError	变量在局部或全局范围内未找到
NotImplementedError	父类的抽象方法在继承类中未实现
OSError	系统操作错误
OverflowError	算术运算的结果超出范围
ReferenceError	弱引用代理访问一个引用的属性,而该引用已被垃圾回收器收集
RuntimeError	生成的错误不属于任何类别
StandardError	所有内置异常的基类(StopIteration 和 SystemExit 除外)
StopIteration	next()函数没有要返回的项
SyntaxError	Python 语法错误
IndentationError	缩进错误
TabError	混合使用制表符和空格进行代码缩进
SystemError	解释器检测到内部错误
SystemExit	函数 sys.exit()抛出的异常
TypeError	函数或方法使用了类型错误的对象
UnboundLocalError	引用的变量未赋值
UnicodeError	Unicode 编码或解码错误
ValueError	函数得到的参数值不正确
ZeroDivisionError	除法或模运算的第 2 个操作数为 0,如 1/0、2%0

9.3　代码调试

当发生下列几种情况时,进行代码调试(debugging)几乎是唯一的选择:
(1) 代码编译/翻译时出现错误,这通常是由语法错误引起的;
(2) 代码运行时发生错误;
(3) 执行代码时虽然没有发生错误,但是得到的执行结果与预期结果不相符。

在 Python 语言中有很多代码调试工具,如 pdb。本节使用 Python 解释器自带的集成开发环境 IDLE 进行代码调试,其步骤如下。
(1) 使用 IDLE 打开 Python 源程序,如图 9-1 所示;
(2) 在菜单栏中依次选择 Run→Python Shell,此时弹出一个交互式 IDLE,如图 9-2 所

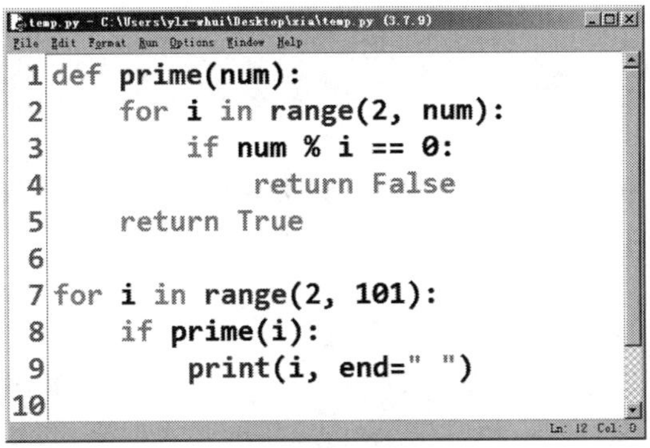

图 9-1　使用 IDLE 打开源程序

示,在该界面中继续选择 Debug→Debugger,打开调试控制台(debug control),如图 9-3 所示;

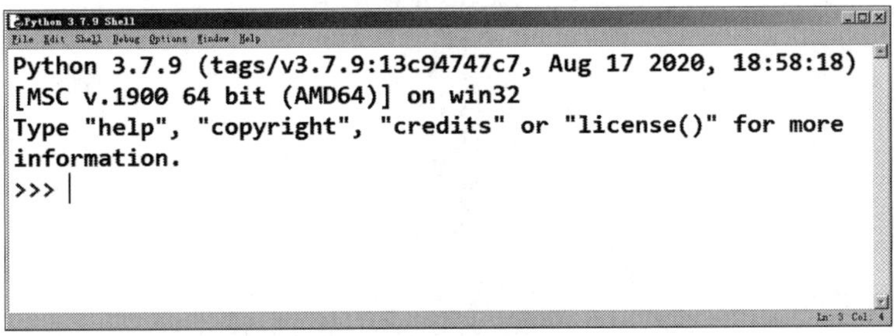

图 9-2　交互式 IDLE

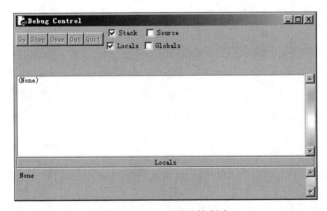

图 9-3　IDLE 调试控制台

(3) 在图 9-1 的源程序中设置断点(breakpoint),右击源程序的某一行,在弹出的菜单中选择 Set Breakpoint 选项,该行代码将变为黄色;

(4) 在图 9-1 的菜单栏中依次选择 Run→Run Module,进入源程序的调试模式,如图 9-4 所示。

在调试模式下,使用图 9-4 中的 5 个工具按钮进行代码调试,这 5 个按钮分别是 Go、Step、Over、Out、Quit,它们的功能如下。

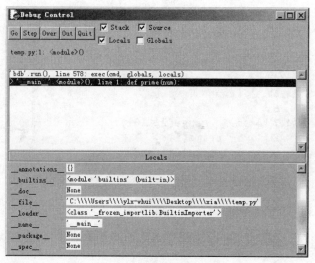

图 9-4　调试模式

- Go：跳至断点。
- Step：进入函数。
- Over：单步执行。
- Out：跳出函数。
- Quit：结束调试。

选中图 9-4 中的 Source 复选框，并将图 9-1 所示的源代码窗口与图 9-4 所示的调试控制台窗口并列放置，调试代码的效果会更好。

9.4　代码测试

程序源码

代码测试包括单元测试（unit test）和集成测试（integration test），通常先进行单元测试，测试通过后再进行集成测试。本书只讲述单元测试，对集成测试感兴趣的读者请查阅相关资料。假如在当前文件夹下有一个文件名为 name_function.py 的 Python 源程序，代码如下。

```
#文件名 name_function.py
def name_formatted(first_name, last_name):
    '''
    首先在名字和姓氏中间添加一个空格以得到全名，
    然后将全名中各个单词的第 1 个字母大写并返回。
    参数：
    first_name：名字
    last_name：姓氏
    '''
    full_name = first_name + ' ' + last_name
    return full_name.title()
```

为了检验 name_function.py 文件中定义的函数 name_formatted()是否正确,专门编写了 test_name_function.py 测试程序。

```
#文件名 test_name_function.py
from name_function import name_formatted
print("请输入名字和姓氏或输入 x 退出程序运行!")
while True:
    first_name =input("请输入名字: ")
    if first_name =="x":
        print("再见!")
        break
    last_name =input("请输入姓氏: ")
    if last_name =="x":
        print("再见!")
        break
    result =name_formatted(first_name, last_name)
    print("您的全名: " +result)
```

尽管上述单元测试的方法是可行的,但其不足之处也是显而易见的:
(1) 程序返回的调试信息十分有限,例如,不能给出程序执行的时间;
(2) 更重要的是该方法烦琐,尤其是当程序的规模变得越来越大的时候。

在 Python 标准库中有一个单元测试模块 unittest,它包含测试代码的工具。测试用例(test case)是一组测试的集合。创建测试用例时必须考虑到一个函数可以从用户那里接收到的、所有可能的输入。下面给出创建测试用例的步骤。
(1) 创建一个测试文件 test_name_function.py;
(2) 导入 unittest 单元测试模块;
(3) 定义一个测试类 NameTestCase,该类从 unittest 类继承;
(4) 编写一系列方法来测试函数行为的所有可能情况。

```
#文件名 test_name_function.py
import unittest                          #加载 unittest 模块
#加载 name_formatted()函数
from name_function import name_formatted
#定义测试类
class NameTestCase(unittest.TestCase):
    def test_first_last_name(self):
        result =name_formatted("harry", "potter")
        self.assertEqual(result, "Harry Potter")

if __name__ =='__main__':
    unittest.main()
```

当执行 test_name_function.py 单元测试程序时,以 test_开头的函数都将自动运行。执行上述代码的输出结果:

```
.
----------------------------------------------------------------------
Ran 1 test in 0.041s

OK
```

代码调试结果的第 1 行:

```
.
```

点"."代表成功,表明测试用例中有一个测试正确地运行了。

代码调试结果的第 2 行:

```
Ran 1 test in 0.041s
```

给出测试的数量和完成测试所需的时间。

代码调试结果的第 3 行:

OK

给出测试状态的文本消息。

上面是单元测试成功的情况,那么单元测试失败时又会输出什么信息呢?修改 name_formatted()函数的定义,新增一个形式参数 middle_name:

```
#文件名 name_function.py
def name_formatted(first_name, last_name, middle_name):
    '''
    在名字和中名、中名和姓氏之间各添加一个空格以得到
    全名,然后将全名中各个单词的第 1 个字母大写并返回。
    参数:
    first_name: 名字
    last_name: 姓氏
    middle_name: 中名
    '''
    full_name = first_name + ' ' + middle_name + ' ' + last_name
    return full_name.title()
```

源程序修改完毕,再次执行单元测试程序 test_name_function.py,代码的调试结果:

```
E
======================================================================
ERROR: test_first_last_name (__main__.NameTestCase)
----------------------------------------------------------------------
Traceback (most recent call last):
  File "C:\Users\whui\Desktop\Python教材编写\test_name_function.py", line 7, in test_first_last_name
```

```
        result =name_formatted("harry", "potter")
TypeError: name_formatted() missing 1 required positional argument: 'middle_
name'

----------------------------------------------------------

Ran 1 test in 0.008s

FAILED (errors=1)
```

代码调试结果的第 1 行：

```
E
```

E 代表 Error 错误，表明测试用例中有一个测试发生了错误。

代码调试结果的第 2 行：

```
ERROR: test_first_last_name (__main__.NameTestCase)
```

给出错误发生的类名和方法名，此处分别为 NameTestCase 和 test_first_last_name()。

代码调试结果的第 3 行：

```
Traceback (most recent call last):
  File "C:\Users\whui\Desktop\Python 教材编写\test_name_function.py", line 7, in
  test_first_last_name
    result =name_formatted("harry", "potter")
```

给出错误发生的代码行。

代码调试结果的第 4 行：

```
TypeError: name_formatted() missing 1 required positional argument: 'middle_
name'
```

指出这是一种什么类型的错误，在本例中是因为缺少 1 个位置参数 middle_name。

代码调试结果的第 5 行：

```
Ran 1 test in 0.008s
```

给出测试的数量和完成测试所需的时间。

代码调试结果的第 6 行：

```
FAILED (errors=1)
```

给出测试状态的文本消息以及发生的错误数量。

由此可见，借助于 Python 解释器自带的单元测试模块 unittest，程序员可以轻松获得更多的代码调试信息。

当单元测试程序发生错误时,应当多花点时间修改源代码而不是修改单元测试程序。在本例中,函数 name_formatted() 的最初定义只有两个形参,后来重写该函数时又增加了一个形参 middle_name,这就导致了函数预期行为的改变。怎样修改源代码,使其对单元测试程序的影响最小呢?一个巧妙的办法是将必选参数 middle_name 修改为可选参数:

```python
#文件名 name_function.py
def name_formatted(first_name, last_name, middle_name=''):
    '''
    在名字和中名、中名和姓氏之间各添加一个空格以得到
    全名,然后将全名中各个单词的第1个字母大写并返回。
    参数:
    first_name: 名字
    last_name: 姓氏
    middle_name: 中名,可选参数,默认值为空
    '''
    if len(middle_name) >0:
        full_name =first_name +' ' +middle_name +' ' +last_name
    else:
        full_name =first_name +' ' +last_name
    return full_name.title()
```

至此,无论是否给形参 middle_name 赋值,函数 name_formatted() 都能正常地执行。再次执行单元测试程序 test_name_function.py,代码的调试结果:

```
.
----------------------------------------------------------------------
Ran 1 test in 0.016s

OK
```

由上述可知,单元测试程序运行正常,这说明源程序的执行结果与预期结果相一致。下面为 NameTestCase 类添加一个新方法,以便测试形式参数 middle_name:

```python
import unittest
#加载模块 name_function 中的 name_formatted()函数
from name_function import name_formatted

class NameTestCase(unittest.TestCase):
    def test_first_last_name(self):
        result =name_formatted("harry", "potter")
        self.assertEqual(result, "Harry Potter")
    def test_first_last_middle_name(self):
        result =name_formatted("james", "robert", "smith")
        self.assertEqual(result, "James Robert Smith")
```

```
if __name__=='__main__':
    unittest.main()
```

再次执行单元测试程序 test_name_function.py,代码的调试结果:

```
..
----------------------------------------------------------------------
Ran 2 tests in 0.011s

OK
```

代码调试结果的第 1 行:

```
..
```

两个点"."表示测试用例中有两组测试都成功了。

代码调试结果的第 2 行:

Ran 2 test in 0.011s

给出测试的数量和完成测试所需的时间。

代码调试结果的第 3 行:

OK

给出测试状态的文本消息。unittest 模块提供了很多方法来断言变量的值、类型和存在性,如本节例子中反复出现的 assertEqual() 方法。表 9-2 中列出了其中一些最常用的方法。

表 9-2 unittest 模块提供的方法

方　　法	等　价　于
assertEqual(a, b)	a == b
assertTrue(x)	bool(x)为 True
assertFalse(x)	bool(x)为 False
assertIs(a, b)	a is b
assertIsNone(x)	x is None
assertIn(a, b)	a in b
assertIsInstance(a, b)	isinstance(a, b)

另外,assertIs()、assertIsNone()、assertIn()和 assertIsInstance()这 4 个方法都有对应的、功能相反的方法,例如,与 assertIs()方法功能相反的方法是 assertIsNot()。

9.5 小结

错误发生在编译或翻译阶段,而异常发生在运行阶段。处理异常有三种方式,它们分别是 assert 断言语句、try-except 语句和 raise 抛出语句,其中 try-except 语句的功能最强大。try 语句不能单独使用,必须与 except 或 finally 子句配合使用。另外,一个完整的 try-except 异常处理结构还包括 else 子句和 finally 子句。无论 try 语句块中的语句是否发生异常都会执行 finally 子句,而 else 子句只有在 try 语句块中的语句不发生异常时才会被执行。

可使用 IDLE 进行代码调试,以便定位错误发生的确切位置。代码测试包括单元测试和集成测试。程序开发的过程中通常先进行单元测试,再进行集成测试,限于篇幅本书只讲述了单元测试。Python 标准库中有一个单元测试模块 unittest,它包含测试代码的工具。

练习题 9

1. 断言语句使用的关键字是_____。
2. 主动抛出异常使用的关键字是_____。
3. Python 所有异常类的基类是_____。
4. 异常 SyntaxError 发生的原因是_____。
5. 异常 ZeroDivisionError 发生的原因是_____。
6. 在异常处理结构中先处理具体异常还是先处理一般异常?
7. finally 子句主要用于无论是否发生异常情况,都需要执行一些清理工作的场合,请举出几个这样的例子。
8. 在 try-except-else-finally 异常处理结构中,列举程序控制流的几种情况。
9. 查阅资料,列举单元测试的标准库或扩展库。
10. 对 Python 语言的内置函数 sum() 进行单元测试。
11. 参照"自定义异常"一节中的猜英文字母游戏,试编写一个猜数字游戏。
12. 运行下列代码,输入

```
5.0
```

则输出的结果是_____。

```
while True:
    try:
        x = int(input("请输入一个整数: "))
        print(x)
        break
    except:
        print("输入的不是整数,请再次输入!")
```

第 10 章
文件和文件夹

文件是计算机系统中存储信息的容器。文件的类型有很多种,如文本文件、二进制文件。文本文件是由可见字符组成的,如扩展名为 txt、docx 的文件。二进制文件是相对于文本文件而言的,即只要文件中含有除可见字符之外的其他字符(主要是控制字符),就是二进制文件,如可执行文件、音频文件、视频文件等。在计算机系统中,文件可以存储在光盘、硬盘或其他类型的存储设备上。文件夹是计算机系统中存储文件的位置。本章学习使用 Python 程序操作文件和文件夹。

10.1 文本文件

教学课件

在 Python 语言中,文件操作按以下步骤进行。
(1) 打开文件并返回一个文件对象或句柄(handler);
(2) 使用该句柄执行读写操作;
(3) 关闭该句柄。
Python 语言使用内置函数 open()打开一个文件:

```
>>>f = open("test.txt")            #文件对象或句柄 f
```

如果文件无法打开,则会引发一个 OSError 异常。打开的文件要么是一个文本文件(默认),要么是一个二进制文件。从文本文件中读出的是字符串;从二进制文件中读出的是字节。文件的打开模式有多种,如表 10-1 所示。

表 10-1 文件的打开模式

模式	全称	功能描述
r	read	只读模式(默认)
w	write	只写模式。如果文件不存在,则创建新文件;否则清空文件
x	exclusive	只写模式。如果文件已存在,则抛出异常
a	append	追加模式。在文件末尾添加内容而不清空它;如果不存在,则创建新文件

续表

模式	全称	功能描述
t	text	以文本模式打开(默认)
b	binary	以二进制模式打开
+	—	读写模式

```
f = open("test.txt", "w")              #文本模式下的写操作
f = open("img.jpg", "r+b")             #二进制模式下的读和写
```

在文本模式下处理文件时,建议指定编码类型:

```
f = open("test.txt", mode='r', encoding='utf-8')
```

执行文件读写操作有时会发生异常,此时程序会中途退出而不能关闭文件,为避免发生这种情况,可使用 try…finally 异常处理结构:

```
try:
    f = open("test.txt", encoding='utf-8')
finally:
    f.close()                          #关闭文件
```

其实,一种更方便、更安全地关闭文件的方法是使用 with 语句。一旦程序退出 with 语句,系统就会自动关闭文件,而无须显式地调用文件的 close()方法:

```
with open("test.txt", encoding="utf-8") as f:
    执行文件操作
```

往文件中写数据时,可使用 w 模式、a 模式或 x 模式打开文件。write(s)函数将字符串 s 写入文件,其返回值是写入文件的字符数:

```
>>>f = open("test.txt", "w", encoding='utf-8')
>>>f.write("hello")
5
>>>f.write("中国")
2
>>>f.close()
```

在写入其他类型的数据之前,需要先将其转换为字符串(文本模式)或字节(二进制模式):

```
>>>f = open('test.txt', 'w')
>>>num = 12
>>>s = str(num)                        #将整数转换为字符串
>>>f.write(s)
```

```
2
>>>f.close()
```

读文件时需要以读模式 r 打开文件。可使用 read(size)方法读取 size 个字符,如果不指定参数值,该方法将读取并返回文件剩余的所有内容:

```
>>>f =open("test.txt", "r", encoding="utf-8")
>>>f.read(5)
'hello'
>>>f.read(2)
'中国'
>>>f.read()                    #到达文件末尾,返回一个空字符串
''
>>>f.close()
```

可使用 seek()方法更改文件指针的位置;使用 tell()方法返回文件指针的当前位置,单位为字节:

```
>>>f =open("test.txt", "r", encoding="utf-8")
>>>f.tell()                    #文件指针在文件头
0
>>>f.read(5)                   #读取 5 个字符
'hello'
>>>f.tell()                    #查看文件指针的当前位置
5
>>>f.seek(0)                   #将文件指针重新定位到文件头
0
>>>f.read(5)                   #再次读取这 5 个字符
'hello'
>>>f.read()                    #读取文件剩余的所有内容
'中国'
>>>f.tell()                    #一个汉字用 3 个字节存储
11
>>>f.close()                   #关闭文件
```

以二进制模式打开一个文件 test.dat:

```
>>>f =open('test.dat', 'wb+')
>>>f.write(b'12ab')            #此处 b 表示二进制写
4
>>>f.tell()
4
>>>f.close()
```

为了快速、高效地逐行读取文件,可使用 for 循环。假如有一个文本文件 test.txt,其内

容如下所示。

```
the first line.
the second line.
the third line.
```

执行下列代码。

```
>>>f = open("test.txt", encoding='utf-8')
>>>for line in f:
    print(line, end='')                    #文件 test.txt 的前两行都有一个换行符[1]
```

上述代码的输出结果：

```
the first line.
the second line.
the third line.
```

也可以使用 readline() 方法依次读取文件的各行：

```
>>>f = open("test.txt", encoding='utf-8')
>>>f.readline()                            #读取第 1 行
'the first line.\n'
>>>f.readline()                            #读取第 2 行
'the second line.\n'
>>>f.readline()                            #读取第 3 行
'the third line.'
>>>f.readline()                            #到达文件末尾,返回一个空字符串
''
>>>f.close()
>>>f = open('test.txt', 'r')
>>>f.seek(0, 2)                            #将文件指针定位到文件末尾
34
>>>f.readline()                            #到达文件末尾,读取一个空字符串
''
>>>f.seek(0)                               #将文件指针重定位到文件开头
0
>>>f.readline()                            #读取第 1 行
'the first line.\n'
```

---

[1] 因此,将参数 end 设置为空。注意 end 的默认值为换行符。

```
>>>f.readline()                    #读取第 2 行
'the second line.\n'
>>>f.readline()                    #读取第 3 行
'the third line.'
>>>f.readline()                    #再次到达文件末尾,返回一个空字符串
''
```

readlines()方法返回一个列表,该列表的元素由文件的行组成:

```
>>>f =open("test.txt", encoding='utf-8')
>>>f.readlines()
['the first line.\n', 'the second line.\n', 'the third line.']
>>>f.close()
```

不建议使用 readlines()方法读取大文件,因为这样会消耗大量的内存资源。当文件指针到达文件末尾 EOF(End of File)时,读方法都会返回一个空字符串。读者要分清空行与空字符串:'\n'表示空行,而''表示空字符串。另外,还要区分空字符串''与空格字符串' '。只要 f.readline()函数的返回值是空字符串,就代表文件的内容读取完毕。

表 10-2 列出了文本模式下 Python 文件对象的常用方法。

表 10-2 文件对象的常用方法

方　　法	功　能　描　述
close()	把缓冲区内容写入文件,然后关闭并释放文件对象。如果文件已关闭,则不产生效果
fileno()	返回一个文件描述符(整数)
flush()	把缓冲区内容写入文件,但不关闭文件对象
read(n)	最多读取并返回 n 个字符。如果 n 为负数或空,则读取文件的所有内容
readable()	测试当前文件是否可读
readline()	读取并返回文件的一行
readlines()	读取并返回文件的行列表
seek(offset,from)	将文件指针移到新位置,offset 表示相对于 from 的偏移量。from 的取值为 0、1、2,分别代表文件头(默认)、当前位置和文件尾
seekable()	如果文件支持随机访问,则返回 True
tell()	返回文件指针的当前位置
truncate(n=None)	只保留文件的前 n 字节。如果未指定 n,则只保留文件头到指针的当前位置
writable()	测试当前文件是否可写
write(s)	将字符串 s 写入文件并返回写入的字符数
writelines(lines)	将列表 lines 写入文件

那么文件对象又有哪些常用属性呢?文件对象的常用属性如表 10-3 所示。

表 10-3 文件对象的常用属性

属　性	功　能　描　述
closed	判断文件是否关闭,若文件已关闭,则返回 True
mode	返回文件的打开模式
name	返回文件的名称

```
>>>f = open("test.txt")
>>>f.close()
>>>f.closed                           #判断文件是否已关闭
True
>>>f.mode                             #查看文件的打开模式
'r'
>>>f.name                             #查看打开的文件名
'test.txt'
```

美国标准信息交换码(American Standard Code for Information Interchange,ASCII),最初用 7 位二进制数表示 10 个阿拉伯数字,52 个大小写英文字母等 128 个字符,后来又扩展到 8 位二进制数,而这也仅仅能够表示 256 个字符(其中包括 32 个不能打印出来的控制符)。为了对汉字进行编码,中国国家标准总局发布了 GB2312 编码规范,后来又演化为 GBK 编码规范。为满足跨语言、跨平台的文本转换和处理的要求,国际标准化组织(International Organization for Standardization,ISO)提出了 Unicode 编码标准。该标准几乎涵盖了世界上所有的文字和符号,Unicode 为字符集中的每一个字符都指定了唯一的二进制编码,从而彻底解决了不同编码系统的冲突和乱码问题。UTF-8 是 Unicode 的实现方式之一,其最大的特点是采用变长的编码方式。UTF-8 使用 1~4 字节表示一个字符,以便节省存储空间和网络传输带宽。执行下列代码,可以查看一个系统当前默认的编码格式。

```
>>>import sys
>>>sys.getdefaultencoding()
'utf-8'
```

10.2　二进制文件

处理二进制文件常用的模块有 pickle、shelve 和 marshal 等。对于二进制文件,不能用记事本、写字板或其他文本编辑软件进行读写,也不能通过 Python 程序直接读取并理解二进制文件的内容,必须先了解一个二进制文件的结构和序列化规则,然后设计一个对应的反序列化规则,最终才能正确地读取并了解其中的内容。

Python 标准库 pickle 提供的 dump()方法将数据进行序列化并写入文件,而 load()方法读取二进制文件的内容并进行反序列化,还原出原信息。另外,dump()方法的 protocol 参数为 True 时可实现压缩存储。用 pickle 模块将下列数据写到一个二进制文件中。

```
1
0.5
'不忘初心,牢记使命!'
[1, 2, 3]
```

程序代码如下。

```
import pickle
n = 4                              #拟写入的数据项个数
i = 1
f = 0.5
s = '不忘初心,牢记使命!'
lt = [1, 2, 3]
with open('ex_pickle.dat', 'wb') as fp:
    try:
        pickle.dump(n, fp)
        pickle.dump(i, fp)
        pickle.dump(f, fp)
        pickle.dump(s, fp)
        pickle.dump(lt, fp)
    except:
        print('写文件时发生异常!')
```

用 pickle 模块读取二进制文件 ex_pickle.dat,并在终端上显示出来:

```
import pickle
with open('ex_pickle.dat', 'rb') as fp:
    n = pickle.load(fp)            #拟读取的数据项总数
    for i in range(n):
        x = pickle.load(fp)
        print(x)
```

上述代码的输出结果:

```
1
0.5
不忘初心,牢记使命!
[1, 2, 3]
```

10.3 文件和文件夹操作

假定在当前目录下有一个文件夹 my_directory,其包含的文件和子文件夹如下。

```
my_directory/
```

```
|--sub_dir/
    |--file1.py
|--sub_dir_b/
    |--file2.py
    |--file3.py
|--file4.py
```

怎样获取文件夹 my_directory 下的所有文件和子文件夹列表呢？可以使用 Python 内置的 os 模块。os 模块中的 scandir() 函数如下。

```
import os
entries = os.scandir('my_directory')
for entry in entries:
    print(entry.name)
```

上述代码的输出结果：

```
file4.py
sub_dir
sub_dir_b
```

仅罗列文件夹 my_directory 下的文件，os 模块中的实现方式如下。

```
import os
entries = os.scandir('my_directory')
for entry in entries:
    if entry.is_file():
        print(entry.name)              #entry 还包含其他属性，如文件大小
```

上述代码的输出结果：

```
file4.py
```

仅罗列文件夹 my_directory 下的子文件夹，os 模块中的实现方式如下。

```
import os
entries = os.scandir('my_directory')
for entry in entries:
    if entry.is_dir():
        print(entry.name)
```

上述代码的输出结果：

```
sub_dir
sub_dir_b
```

10.3.1 创建文件夹

os 模块中包含创建文件夹的函数,如表 10-4 所示。

表 10-4 创建文件夹的函数

函 数	功 能 描 述
os.mkdir()	创建单个子目录
os.makedirs()	创建单个或多级目录,包括中间目录

函数 mkdir() 创建单个子目录:

```
import os
os.mkdir('demo_directory')
```

如果指定的目录已存在,mkdir() 函数会引发 FileExistsError 异常:

```
import os
try:
    os.mkdir('demo_directory/')
except FileExistsError as ex:
    print(ex)
```

函数 makedirs() 既可以创建单个子目录,又可以创建目录树:

```
import os
os.makedirs('2022/5/12')
```

执行上述代码将创建包含文件夹 2022、5 和 12 在内的嵌套目录结构,如图 10-1 所示。

makedirs() 函数有一个 exist_ok 参数,当其值为 True 时,如果要创建的文件夹已经存在,则不再创建。

图 10-1 嵌套目录结构

10.3.2 搜索文件和文件夹

函数 os.walk() 遍历目录和处理文件,它的每一次迭代过程都会依次返回 3 个值:
(1) 当前文件夹的名称;
(2) 当前文件夹的文件夹列表;
(3) 当前文件夹的文件列表。

```
import os
for dir_name, dir_list, file_list in os.walk('.'):
    print("当前文件夹: ", dir_name)
    print("当前文件夹的子文件夹列表: ")
```

程序源码

```
        for sub_dir in dir_list:
            print("\t", sub_dir)
        print("当前文件夹的文件列表：")
        for file_name in file_list:
            print("\t", file_name)
```

上述代码的输出结果：略。

读者可以将上述代码中 os.walk()函数中的参数修改一下，然后再运行。另外，os.walk()函数还有一个参数 topdown,有兴趣的读者可以研究一下。

Python 语言的内置模块 glob、pathlib 和 fnmatch 中都有搜索文件和文件夹的相关函数,读者可以自学。

程序源码

10.3.3 临时文件和目录

Python 语言的内置模块 tempfile 用于创建临时文件和目录,程序执行完毕后,tempfile 自动删除这些临时文件和目录。

```
from tempfile import TemporaryFile
fp = TemporaryFile('w+t')                #创建一个既可读、又可写的文本文件
fp.write("Hello World!")
fp.seek(0)
s = fp.read()
print(s)                                 #输出
fp.close()                               #文件一旦被关闭，就从文件系统中删除
```

上述代码的执行结果：

```
Hello World!
```

上述代码中创建的临时文件是没有文件名的,如果需要创建一个命名的临时文件,则可以使用函数 tempfile.NamedTemporaryFile()。

模块 tempfile 还可以用来创建临时目录：

```
>>> import os
>>> import tempfile
>>> with tempfile.TemporaryDirectory() as tmpdir:
        print('创建一个临时目录：', tmpdir)
        os.path.exists(tmpdir)
```

上述代码的输出结果：

```
创建一个临时目录：C:\Users\whui\AppData\Local\Temp\tmpn0ncm64v
True
```

继续执行下列代码。

```
>>>os.path.exists(tmpdir)           #临时文件夹 tmpdir 已不存在
False
```

10.3.4　删除文件和目录

删除文件可以使用函数 os.remove(file_name)或 os.unlink(file_name)，这两个函数只能删除文件而不能删除文件夹，否则会抛出异常。

```
import os
file_name ='home\demo.txt'
if os.path.isfile(file_name):          #删除前先进行判断
    os.remove(file_name)
else:
    print(file_name, '不是一个有效的文件名!')
```

上述代码的输出结果：

```
home\demo.txt 不是一个有效的文件名!
```

使用异常处理结构 try…except：

```
import os
file_name ='home\demo.txt'
try:
    os.unlink(file_name)
except FileNotFoundError as ex:
    print(file_name, "错误信息: ", ex.strerror)
```

上述代码的输出结果：

```
home\demo.txt 错误信息：　系统找不到指定的路径。
```

删除单个文件夹可以使用函数 os.rmdir()，文件夹非空时抛出异常 OSError。

```
import os
trash_dir ='my_directory'
try:
    os.rmdir(trash_dir)
except OSError as ex:
    print(trash_dir, ex.strerror)
```

上述代码的执行结果：

```
my_directory 系统找不到指定的文件。
```

属性 os.curdir 和 os.pardir 分别代表当前目录和上一级目录。

os 模块中的一些其他函数在此一并进行简单的介绍。rename()函数重命名文件和目录。例如,os.rename(src,dst)能够将 src 重命名为 dst。

```
>>>import os
>>>os.rename(r"2022\5\12", r"2022\5\13")
```

函数 chdir()切换目录:

```
>>>os.chdir(r'C:\Users\whui\Desktop\教学相关\Python')
```

函数 getcwd()获取当前目录:

```
>>>os.getcwd()
'C:\\Users\\whui\\Desktop\\教学相关\\Python'
```

函数 listdir()列出当前目录下的所有文件和文件夹:

```
>>>os.listdir()
```

与 os 模块功能类似的模块还有 shutil、pathlib 等,限于篇幅在此不再介绍。模块 tarfile 和 zipfile 分别用于操作压缩文件 tar 和 zip。模块 fileinput 可读取多个文件。

10.4 小结

文件是计算机系统中存储信息的容器;而文件夹是计算机系统中存储文件的位置。在 Python 语言中操作文件需要执行如下 3 个步骤。

(1) 打开文件并返回一个文件对象或句柄;
(2) 使用该句柄执行读写操作;
(3) 关闭该句柄。

打开文件时需要使用正确的打开模式,如只读模式 r。读取文件的常用方法有 read()、readline()和 readlines();写文件的常用方法有 write()和 writelines()。文件对象的常用属性有 3 个,分别是 closed、mode 和 name。处理二进制文件的常用模块有 pickle、shelve 和 marshal 等。本章简单地讲述了模块 pickle 的使用,其写文件用 dump()方法,读取文件用 load()方法。

文件夹操作主要讲述了 os 模块,其他两个模块 pathlib 和 shutil 没有介绍。模块 tempfile 用于创建临时文件和文件夹。实际上,大多数程序员只喜欢使用其中的某个或某些模块。读者现在只需记住模块名,等到真正需要用时再查阅相关文档即可。

练习题 10

1. 填空题。

(1) 对文执行写操作时,_____方法在不关闭文件对象的情况下将缓冲区内容写入文件。

(2) Python 的内置函数 _____ 用来打开或创建文件并返回一个文件对象。

(3) 上下文管理关键字 _____ 可以自动管理文件对象,无论何种原因结束该关键字中的语句块,都能保证文件被正确地关闭。

2. 列举两种常用的文件类型。

3. Python 语言进行文件操作的三个步骤是什么?

4. Python 语言有几种写模式?它们之间有何区别?

5. 用 Python 程序打开文本文件 test.txt,最安全的方式是什么?

6. 写出文本文件在默认情况下的打开方式。

7. 哪个函数可以查看文件指针的当前位置?

8. 编写代码将文件指针移动到距离文件头 10 个字符的位置。

9. 打开文本文件 test.txt,并读取 5 个字符。

10. 打开文本文件 test.txt,逐行读取并输出其中的信息(用两种方式实现)。

11. 文件对象的常用属性有哪些?

12. 用 open() 函数打开文本文件 test.txt 时,怎样指定编码类型?为什么要这样做?

13. 写出读取文件的三种方法。

14. 使用 os 模块遍历 10.3.1 节中创建的文件夹"2022"及其子文件夹。

15. 创建一个临时文件,将字符串"伟大的中国梦"写入该文件,接着读取并输出该文件的内容。

16. 打开一个文本文件 sample.txt,将下列字符串写入该文件。

> Hello World\n 文本文件的第二行.\n 文本文件的第三行.

17. 打开文本文件 sample.txt,逐行读取该文件的内容,计算最长行的长度并输出其内容。

18. 升级 10.2 节的程序,使之更加精炼,即使用 pickle 模块将一组数据写到一个二进制文件中。

19. 编写代码演示 os.path.isdir() 函数的使用。

20. 使用 os.path.join() 函数将文件夹 temp\2022 与文件名 demo.py 拼接在一起。

21. 列出 os.mkdir() 与 os.makedirs() 两种方法的区别。

第 11 章 数据库应用

什么是数据库(database)？数据库是按一定格式存储的、有组织的、可共享的、长期存储在计算机中的大量数据的集合。在 Python 程序中使用最方便的数据库是 SQLite 数据库，因为 Python 解释器自带了一个 sqlite3 模块，而该模块可以直接与 SQLite 数据库进行交互。SQLite 数据库是无服务器和自包含的，也就是说不需要安装和运行 SQLite 服务器，就可以执行数据库操作。在继续讲述 sqlite3 模块之前，先学习一点 SQL 语法。

教学课件

11.1　SQL 基本语法

SQL(Structured Query Language)是结构化查询语言，用户可以通过它与数据库进行交互。有些数据库包括 SQLite，要求每条 SQL 命令的末尾使用分号。另外，SQL 语言对大小写不敏感。

(1) SELECT 语句用于从表中选取数据，结果被存储在一个结果表中(称为结果集)。

```
SELECT 语法：SELECT 列名称 FROM 表名称
```

选取表 table_name 的所有行：

```
SELECT * FROM table_name
```

因为 SQL 语言对大小写不敏感，所以 SELECT 等效于 select。

(2) WHERE 子句用于设置选择条件。

(3) INSERT INTO 语句用于向数据表中插入新行。

```
INSERT INTO 表名称 VALUES (值1, 值2, ...)
```

(4) UPDATE 语句用于修改表中的数据。

```
UPDATE 表名称 SET 列名称 =新值 WHERE 限制条件
```

(5) DELETE 语句用于删除表中的行。

```
DELETE FROM 表名称 WHERE 列名称 =值
删除表 table_name 中的所有行：DELETE * FROM table_name
```

(6) JOIN（连接）根据两个或多个表中列之间的关系，从这些表中查询数据。INNER JOIN（内连接）与 JOIN 功能相同。

(7) GROUP BY 语句通常与统计函数相结合，根据一个或多个列对结果集进行分组。

(8) count()函数返回与指定条件相匹配的行数。

(9) commit()函数提交当前事务，使操作在数据库中生效。

11.2 数据库应用编程接口

数据库应用编程接口（Application Programming Interface，API）是 Python 访问数据库的统一接口规范，是 Python 程序访问具体数据库的桥梁，如图 11-1 所示。在 Python 语言中，使用数据库 API 访问数据库的一般流程包括如下 5 个步骤。

(1) 创建 SQLite 数据库连接（connection）；

(2) 获取游标（cursor）；

(3) 执行相关操作；

(4) 关闭游标；

(5) 关闭数据库连接。

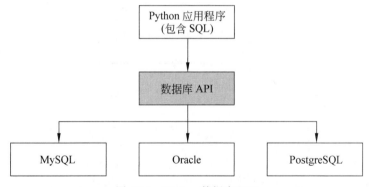

图 11-1 Python 数据库 API

11.3 增删查改操作

本节内容涉及 4 张表，分别是 users（用户）表，如表 11-1 所示；posts（帖子）表，如表 11-2 所示；comments（评论）表，如表 11-3 所示；likes（喜好）表，如表 11-4 所示。

表 11-1 users 表

属 性 名	数据类型	能否为空	说　　明
id	int (11)	否	用户编号
name	text	否	姓名
gender	text	否	性别
age	int (11)	否	年龄

表 11-2 posts 表

属 性 名	数据类型	能否为空	说　　明
id	int（11）	否	帖子编号
title	text	否	标题
description	text	否	描述
user_id	int（11）	否	用户编号（外键）

表 11-3 comments 表

属 性 名	数据类型	能否为空	说　　明
id	int（11）	否	评论编号
text	text	否	评论内容
user_id	int（11）	否	用户编号（外键）
post_id	int（11）	否	帖子编号（外键）

表 11-4 likes 表

属 性 名	数据类型	能否为空	说　　明
id	int（11）	否	爱好编号
user_id	int（11）	否	用户编号（外键）
post_id	int（11）	否	帖子编号（外键）

程序源码

11.3.1　建立数据库连接

跟 SQLite 数据库交互之前，必须先与它建立连接。下面定义一个 create_connection()函数，用于连接 SQLite 数据库。

```python
import sqlite3                          #导入 sqlite3 模块
from sqlite3 import Error               #导入 Error 类
def create_connection(path):
    connection = None
    try:
        #调用 connect()函数①
        connection = sqlite3.connect(path)
        print("成功连接 SQLite 数据库!")
    except Error as e:
        print("发生%s 错误!" % e)
    return connection
```

在上述代码中，如果数据库文件在指定的位置 path 已存在，则与该数据库直接建立连接；否则，首先创建一个新数据库，然后再与它建立连接。假如打算在 E 盘的根目录下创建

---

① 也可以使用命令 con = sqlite3.connect(":memory:")创建一个基于内存的数据库连接。

一个 ch11.sqlite 数据库,则执行如下命令。

```
connection = create_connection(r"E:\ch11.sqlite")
```

sqlite3.connect()函数的返回值 connection 是一个数据库连接对象,该对象支持的方法如表 11-5 所示。

表 11-5 connection 对象支持的方法

方　　法	说　　明
cursor()	创建并返回一个游标
commit()	提交当前事务
rollback()	回滚当前事务
close()	关闭连接

在 SQLite 数据库中创建表时,需要执行查询操作,而该操作使用 cursor 游标对象的 execute()方法,即 cursor.execute()。为方便执行查询操作,定义一个函数 execute_query():

```
def execute_query(connection, query):
    cursor = connection.cursor()          #得到一个游标对象 cursor
    try:
        cursor.execute(query)             #执行查询操作
        connection.commit()               #提交当前事务
        print("查询执行成功!")
    except Error as e:
        print("发生%s 错误!" % e)
```

使用数据库连接对象 connection 的 cursor()方法得到一个游标对象 cursor,该对象支持的属性和方法如表 11-6 所示。

表 11-6 游标对象支持的属性和方法

名　　称	说　　明
execute(sql[, parameters])	执行一条 SQL 语句 sql,后面是可选参数
fetchone()	获取查询结果集的下一行
fetchmany(size)	获取查询结果集的下一组记录,共计 size 行
fetchall()	获取查询结果集的所有行
close()	关闭游标对象
lastrowid	只读属性,提供上一次修改行的行号
description	只读属性,提供最后一个查询的列名

11.3.2 创建表

下面创建 users 表,该表包含的属性参见表 11-1。

程序源码

```
create_users_table① = """
    CREATE TABLE IF NOT EXISTS users(
    id INTEGER PRIMARY KEY AUTOINCREMENT,
    name TEXT NOT NULL,
    gender TEXT NOT NULL,
    age INTEGER NOT NULL
    );
"""
```

在上述代码中 PRIMARY KEY 为主键、AUTOINCREMENT 为自动增加、TEXT 为文本、INTEGER 为整数。另外还要注意,字符串末尾必须有一个分号。执行下列代码就可以创建 users 表。

```
execute_query(connection, create_users_table)
```

接着创建 posts 表,该表包含的属性参见表 11-2。

```
create_posts_table = """
    CREATE TABLE IF NOT EXISTS posts(
    id INTEGER PRIMARY KEY AUTOINCREMENT,
    title TEXT NOT NULL,
    description TEXT NOT NULL,
    user_id INTEGER NOT NULL,
    FOREIGN KEY (user_id) REFERENCES users (id)
    );
"""
```

在上述代码中 FOREIGN KEY 为外键,REFERENCES 为参照。执行下列代码就可以创建 posts 表。

```
execute_query(connection, create_posts_table)
```

继续创建 comments 表,该表包含的属性参见表 11-3。

```
create_comments_table = """
    CREATE TABLE IF NOT EXISTS comments(
    id INTEGER PRIMARY KEY AUTOINCREMENT,
    text TEXT NOT NULL,
    user_id INTEGER NOT NULL,
    post_id INTEGER NOT NULL,
    FOREIGN KEY (user_id) REFERENCES users (id) FOREIGN KEY (post_id) REFERENCES posts (id)
    );
"""
```

---

① create_users_table 是一个字符串变量,字符串的内容是 SQL 命令。

执行下列代码就可以创建 comments 表。

```
execute_query(connection, create_comments_table)
```

最后创建 likes 表,该表包含的属性参见表 11-4。

```
create_likes_table ="""
    CREATE TABLE IF NOT EXISTS likes(
    id INTEGER PRIMARY KEY AUTOINCREMENT,
    user_id INTEGER NOT NULL,
    post_id INTEGER NOT NULL,
    FOREIGN KEY (user_id) REFERENCES users (id) FOREIGN KEY (post_id) REFERENCES
    posts (id)
    );
    """
```

执行下列代码就可以创建 likes 表。

```
execute_query(connection, create_likes_table)
```

使用 DB Browser(SQLite)开源可视化工具查看创建的 SQLite 数据库,如图 11-2 所示。DB Browser 的下载网址为 https://sqlitebrowser.org/。

图 11-2　SQLite 数据库

11.3.3　插入记录

所有的表格创建完毕后,接下来就可以往表格中插入记录(insert records)。首先,在

users 表中插入 5 条记录：

```
insert_users ="""
    INSERT INTO users(name, gender, age)
    VALUES
    ('James', 'male', 25),
    ('Jack', 'male', 32),
    ('Alice', 'female', 35),
    ('Mike', 'male', 40),
    ('Rosy', 'female', 21);
"""
execute_query(connection, insert_users)
```

插入数据后的 users 表，如表 11-7 所示。

表 11-7　插入数据后的 users 表

id	name	gender	age
1	James	male	25
2	Jack	male	32
3	Alice	female	35
4	Mike	male	40
5	Rosy	female	21

接着在 posts 表中插入 6 条记录：

```
insert_posts ="""
    INSERT INTO
    posts(title, description, user_id)
    VALUES
    ("幸福", "我今天感觉很幸福！", 1),
    ("天太热", "今天天气很热！", 2),
    ("救命", "我的工作需要帮助。", 2),
    ("好消息", "我女儿钢琴 6 级考试通过了！", 1),
    ("有趣的比赛", "那是一场精彩的网球比赛。", 5),
    ("恐怖", "全球新冠肺炎超 195 万例！", 3);
"""
execute_query(connection, insert_posts)
```

插入数据后的 posts 表，如表 11-8 所示。

表 11-8　插入数据后的 posts 表

id	title	description	user_id
1	幸福	我今天感觉很幸福！	1
2	天太热	今天天气很热！	2

续表

id	title	description	user_id
3	救命	我的工作需要帮助。	2
4	好消息	我女儿钢琴 6 级考试通过了！	1
5	有趣的比赛	那是一场精彩的网球比赛。	5
6	恐怖	全球新冠肺炎超 195 万例！	3

在 comments 表中插入 5 条记录：

```
insert_comments = """
    INSERT INTO
    comments(text, user_id, post_id)
    VALUES
    ('我也是!', 5, 1),
    ('什么样的帮助?', 4, 3),
    ('恭喜!', 2, 4),
    ('大家都要小心!', 4, 6),
    ('遗憾!我当时在工作!', 2, 5);
"""
execute_query(connection, insert_comments)
```

插入数据后的 comments 表，如表 11-9 所示。

表 11-9　插入数据后的 comments 表

id	text	user_id	post_id
1	我也是！	5	1
2	什么样的帮助？	4	3
3	恭喜！	2	4
4	大家都要小心！	4	6
5	遗憾！我当时在工作！	2	5

最后在 likes 表中插入 5 条记录：

```
insert_likes = """
    INSERT INTO
    likes(user_id, post_id)
    VALUES
    (1, 6),
    (2, 3),
    (1, 5),
    (5, 4),
```

```
        (5, 3);
    """
execute_query(connection, insert_likes)
```

插入数据后的 likes 表,如表 11-10 所示。

表 11-10　插入数据后的 likes 表

id	user_id	post_id
1	1	6
2	2	3
3	1	5
4	5	4
5	5	3

11.3.4　读取记录

程序源码

读取 SQLite 数据库中的记录,需要依次调用游标 cursor 的 execute()方法和 fetchall() 方法,其中,后者的返回值是一个元组列表,该列表中每一个元组对应于检索记录中的一行。下面定义一个函数 execute_read_query(),以读取 SQLite 数据库中的记录。

```
def execute_read_query(connection, query):
    cursor = connection.cursor()        #得到一个游标 cursor
    result = None
    try:
        cursor.execute(query)           #执行查询操作
        result = cursor.fetchall()      #读取结果集
        return result                   #返回一个元组列表
    except Error as e:
        print("The error %s occurred" % e)
```

读取 users 表中的所有记录:

```
select_users = "SELECT * from users"
users = execute_read_query(connection, select_users)
for user in users:
    print(user)
```

上述代码的输出结果:

```
(1, 'James', 'male', 25)
(2, 'Jack', 'male', 32)
(3, 'Alice', 'female', 35)
(4, 'Mike', 'male', 40)
(5, 'Rosy', 'female', 21)
```

读取 posts 表中的所有记录：

```
select_posts ="SELECT * FROM posts"
posts =execute_read_query(connection, select_posts)
for post in posts:
    print(post)
```

上述代码的输出结果：

```
(1, '幸福', '我今天感觉很幸福！', 1)
(2, '天太热', '今天天气很热！', 2)
(3, '救命', '我的工作需要帮助。', 2)
(4, '好消息', '我女儿钢琴 6 级考试通过了！', 1)
(5, '有趣的比赛', '那是一场精彩的网球比赛。', 5)
(6, '恐怖', '全球新冠肺炎超 195 万例！', 3)
```

11.3.5 连接操作

有时需要从两个及以上相关表中筛选数据，此时就需要执行连接操作。下列程序返回 users 表中的用户编号、用户姓名及其所发表帖子的描述（该属性包含在 posts 表中）。

```
select_users_posts ="""
    SELECT
    users.id,
    users.name,
    posts.description
    FROM
    posts
    INNER JOIN users ON users.id =posts.user_id         #两个表通过连接操作建立关联
"""
users_posts =execute_read_query(connection, select_users_posts)
for item in users_posts:
    print(item)
```

程序源码

上述代码的输出结果：

```
(1, 'James', '我今天感觉很幸福！')
(2, 'Jack', '今天天气很热！')
(2, 'Jack', '我的工作需要帮助。')
(1, 'James', '我女儿钢琴 6 级考试通过了！')
(5, 'Rosy', '那是一场精彩的网球比赛。')
(3, 'Alice', '全球新冠肺炎超 195 万例！')
```

为上述代码的输出结果添加列标题的代码如下。

```
select_users_posts ="""
    SELECT
    users.id,
    users.name,
    posts.description
    FROM
    posts
    INNER JOIN users ON users.id =posts.user_id
"""
cursor =connection.cursor()
cursor.execute(select_users_posts)               #不再调用 execute_read_query()方法
users_posts =cursor.fetchall()
column_names =[name[0] for name in cursor.description]
print(column_names)
for item in users_posts:
    print(item)
```

上述代码的输出结果:

```
['id', 'name', 'description']                    #添加了列标题
(1, 'James', '我今天感觉很幸福!')
(2, 'Jack', '今天天气很热!')
(2, 'Jack', '我的工作需要帮助。')
(1, 'James', '我女儿钢琴 6 级考试通过了!')
(5, 'Rosy', '那是一场精彩的网球比赛。')
(3, 'Alice', '全球新冠肺炎超 195 万例!')
```

下面通过两个连接运算,以筛选三个相关表中的数据。下列程序返回所有的帖子、对帖子的评论以及发表评论的用户姓名。

```
select_posts_comments_users ="""
    SELECT
    posts.description,
    comments.text,
    users.name
    FROM
    posts
    INNER JOIN comments ON posts.id =comments.post_id
    INNER JOIN users on users.id =comments.user_id
"""
posts_comments_users =execute_read_query(connection, select_posts_comments_users)
for item in posts_comments_users:
    print(item)
```

上述代码的输出结果:

```
('我今天感觉很幸福!', '我也是!', 'Rosy')
('我的工作需要帮助。', '什么样的帮助?', 'Mike')
('我女儿钢琴6级考试通过了!', '恭喜!', 'Jack')
('全球新冠肺炎超195万例!', '大家都要小心!', 'Mike')
('那是一场精彩的网球比赛。', '遗憾!我当时在工作!', 'Jack')
```

读者可以试着给输出结果添加列标题。

11.3.6 WHERE 子句

WHERE 子句用于设置选择条件。下列代码返回所有的帖子以及帖子收到的喜好总数。

程序源码

```
select_posts_likes = """
SELECT
    posts.description,
    COUNT(likes.id)
FROM
    likes,
    posts
WHERE
    posts.id = likes.post_id
GROUP BY
    likes.post_id
"""
posts_likes = execute_read_query(connection, select_posts_likes)
for item in posts_likes:
    print(item)
```

上述代码的输出结果:

```
('我的工作需要帮助。', 2)
('我女儿钢琴6级考试通过了!', 1)
('那是一场精彩的网球比赛。', 1)
('全球新冠肺炎超195万例!', 1)
```

说明:第一个输出结果"('我的工作需要帮助。', 2)"表示有2名用户对帖子"我的工作需要帮助。"感兴趣,一个是发表该帖子的人,另一个是评论该帖子的人。

11.3.7 更新和删除记录

更新编号为2的帖子,将其属性 description 的值修改为"现在天气变得凉爽了!"。先查看更新前的值:

程序源码

```
select_post_description = "SELECT description FROM posts WHERE id=2"
```

```
post_description = execute_read_query(connection, select_post_description)
for description in post_description:
    print(description)
```

上述代码的输出结果:

```
('今天天气很热!',)
update_post_description = """
    UPDATE
        posts
    SET
        description = "现在天气变得凉爽了!"
    WHERE
        id = 2
"""
execute_query(connection, update_post_description)
```

执行上述代码,再次查看 2 号帖子属性 description 的值:

```
post_description = execute_read_query(connection, select_post_description)
for description in post_description:
    print(description)
```

上述代码的输出结果:

```
('现在天气变得凉爽了!',)
```

显然 2 号帖子更新成功了。

想要删除编号为 5 的评论,需要使用 WHERE 子句指定限制条件:

```
delete_comment = "DELETE FROM comments WHERE id = 5"
execute_query(connection, delete_comment)
```

使用 DB Browser(SQLite)可视化查看工具,验证删除是否成功。

想要使用 MySQL、PostgreSQL 和 Oracle 数据库,需要分别安装 mysql-connector-python、psycopg2、cx_Oracle 模块,对应的命令如下:

```
pip install mysql-connector-python
pip install psycopg2
pip install cx_Oracle
```

11.4 小结

SQLite 是内嵌在 Python 解释器中的数据库管理系统,它不需要额外的安装和配置服务。一个 SQLite 数据库就是一个文件,可以使用 DB Browser(SQLite)等工具对 SQLite 数据库进行可视化管理。在 Python 中使用 SQLite 数据库,需要导入 sqlite3 模块。数据库访问的一般流程包括 5 个步骤,分别是创建连接、获取游标、执行相关操作、关闭游标和关闭连接。使用 sqlite3 模块中的 connect()函数和 cursor()方法可分别打开数据库文件和获取游标对象,而使用游标对象的 execute()方法可以执行各种 SQL 语句。

练习题 11

1. 什么是数据库?
2. Python 语言访问 SQLite 数据库需要使用什么模块?怎样导入该模块?
3. SQL 代表什么意思?
4. 叙述数据库访问的一般流程。
5. 在 SQLite 数据库中,增、删、改、查操作对应的 SQL 命令分别是什么?
6. 数据库连接对象和游标对象各支持哪些属性和方法(每个对象各写出三个)?
7. (1) 在 D 盘根目录下创建一个 SQLite 数据库文件 student,在该数据库中创建表 info,该表包含的字段 ID(INTEGER 型,主键)、Name(TEXT 型)、Score(INTEGER 型)、Rank(INTEGER 型)。

(2) 通过 Python 编程实现向 info 表中插入如下 5 条纪录(见表 11-11)。

表 11-11 info 表插入内容

ID	Name	Score	Rank
202001	王力	90	2
202002	王浩	59	4
202003	李丽	95	1
202004	王慧	0	5
202005	李华	75	3

(3) 通过 Python 编程查询分数小于 60 分的人,输出其姓名。
(4) 查询所有人的信息并将其按成绩由高到低排列。

第 12 章 图形用户界面设计

教学课件

图形用户界面(Graphical User Interface,GUI)采用图形化的方式显示操作界面。在 Python 语言中有 3 个常用的 GUI 编程工具,它们分别是 tkinter、wxPython 和 PyQt,本书只讲述 tkinter 库的使用。使用 tkinter 库创建 GUI 应用程序,只需执行下列 4 个步骤。

(1) 导入 tkinter 模块;
(2) 创建 GUI 应用程序主窗口;
(3) 在 GUI 应用程序中添加若干个组件,如按钮 Button;
(4) 进入主事件循环,以便对触发的每个事件采取某种操作。

tkinter 是 Python 3.x 的内置模块,只要安装了 Python 3.x 解释器就可以使用。在使用 tkinter 库之前,需要使用命令 import tkinter 或者 from tkinter import * 将其导入。

【示例 12.1】 最简单的图形用户界面。

程序源码

```
import tkinter                    #步骤1,加载tkinter模块
root=tkinter.Tk()                 #步骤2,创建主窗体root
在此处添加组件                      #步骤3
root.mainloop()                   #步骤4,进入主事件循环
```

上述代码的执行结果如图 12-1 所示。

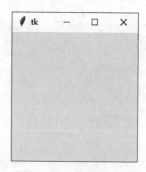

图 12-1 最简单的 GUI

在 tkinter 库中,每个组件都是一个类,创建组件其实就是将对应的类进行实例化。在实例化时,需要给组件指定一个父容器。

【示例 12.2】 创建一个"Hello, World!"欢迎界面。

```
from tkinter import Tk, Label      #加载 tkinter 模块中的 Tk 和 Label 类
root = Tk()                        #创建主窗体 root
root.title("欢迎界面")              #设置窗口的标题
lb = Label(root, text="Hello, World!")  #调用 Label()方法创建标签 lb,root 是 lb 的父容器
lb.pack()                          #调用布局管理器 pack()方法
root.mainloop()                    #进入主循环,显示主窗体 root
```

上述代码的执行结果如图 12-2 所示。

图 12-2　hello.py 的执行结果

tkinter 提供了各种组件,如按钮、标签和文本框等,表 12-1 列出了 tkinter 库中常用的 17 种组件。

表 12-1　tkinter 组件

组　　件	功　能　描　述
Button	按钮组件,在界面中显示按钮
Canvas	画布组件,用于绘制其他图形元素,如直线、椭圆
Checkbutton	复选按钮,用于将多个选项显示为复选框,用户一次可以选择多个选项
Entry	单行文本框,用于接收输入值
Frame	框架组件,通常作为其他组件的容器
Label	标签组件,为其他组件提供单行标题,也可以显示位图
Listbox	列表框,用于提供选项列表
Menu	菜单组件,用于提供各种命令
Message	消息组件,与 Entry 组件类似,可以显示多行文本
Radiobutton	单选按钮,用于显示多个选项,用户一次只能从中选择一个选项
Scale	范围组件,显示一个数值刻度,输出指定范围的数值区间
Scrollbar	滚动条,用于向各种组件(如列表框)添加滚动功能
Text	文本组件,用于显示多行文本
Toplevel	顶层容器组件,用于提供单独的窗口
Spinbox	Entry 组件的变体,用于从固定数量的值中进行选择
PanedWindow	容器组件,可以包含水平或垂直排列的任意数量的窗格
LabelFrame	简单的容器组件,充当复杂窗口布局的隔板或容器

12.1 组件的标准属性

标准属性是所有 tkinter 组件都具有的属性，如表 12-2 所示。

表 12-2 组件的标准属性

属 性 类 别	属 性 名 称
尺寸属性	属性集合，如边框宽度（borderwidth）
颜色属性	属性集合，如背景色（background）
字体属性	font
锚点属性	anchor
样式属性	relief
位图属性	bitmap
光标属性	cursor

组件的长度、宽度和其他维度可以用不同的尺寸单位描述，如表 12-3 所示。

表 12-3 尺寸单位

单 位	描 述
c	厘米（centimeter）
i	英寸（inch）
m	毫米（millimeter）
p	打印机的点（point），约 1/72 英寸

(1) 如果将维度设置为整数，则假定它以像素为单位；
(2) 可以将维度设置为数字后跟一个字符的形式，如 5c，字符代表度量单位。

12.1.1 尺寸属性和颜色属性

1. tkinter 的尺寸属性

tkinter 的尺寸属性如下。

(1) borderwidth(bd)：组件的边框宽度；
(2) height、width：组件的高度和宽度；
(3) padx、pady：组件水平方向和垂直方向的外边距；
(4) wraplength：文本行长度的最大值。

其他属性还包括 selectborderwidth、highlightthickness 和 underline 等。

【示例 12.3】 使用不同的尺寸单位设置组件的高度和宽度。

```
from tkinter import Tk, Button, Frame
root = Tk()                                    #创建主窗体 root
```

```
frame = Frame(root, width="5c", height="5m")    #框架 frame 的父容器为 root
frame.pack()                                     #使用布局管理器
button = Button(frame, text="Hello, World!")    #按钮 button 的父容器为 frame
button.pack()
root.mainloop()
```

上述代码的运行结果如图 12-3 所示。注意示例 12.3 与示例 12.2 的区别。

2. tkinter 的颜色属性

tkinter 的颜色属性如下。

（1）activebackground、activeforeground：组件激活时的背景色和前景色；

图 12-3　设置框架 frame 的宽度和高度

（2）background（bg）、foreground（fg）：组件的背景色和前景色；

（3）highlightbackground、highlightcolor：组件获得焦点时，高亮区域的背景色和前景色；

（4）selectbackground、selectforeground：组件选定项目的背景色和前景色；

（5）disabledforeground：组件被禁用时的前景色。

tkinter 用字符串表示颜色。在 tkinter 中有如下两种指定颜色的通用方法。

（1）使用字符串指定十六进制数字中红色（red）、绿色（green）和蓝色（blue）的比例。例如，"♯fff"表示白色、"♯000000"表示黑色、"♯000fff000"表示纯绿色、"♯00ffff"表示青色（cyan）。红色、绿色和蓝色三个分量用一位、两位、三位十六进制数表示均可。

（2）使用本地定义的标准颜色名称，例如"white"、"black"、"red"、"green"、"blue"、"cyan"、"yellow"、"magenta"①。

【示例 12.4】 使用不同颜色格式分别设置背景色和前景色。

```
from tkinter import Tk, Button
root = Tk()
button = Button(root, text="Hello, World!", bg="red", fg="#ffffff")
button.pack()
root.mainloop()
```

图 12-4　按钮的背景色和前景色

上述代码的执行结果如图 12-4 所示。该图中按钮的背景色为红色、前景色为白色。

12.1.2　字体属性

tkinter 的字体属性对应的属性名为 font，其包括的子属性如下。

（1）family：字体族，如宋体、仿宋、楷体、黑体、幼圆、隶书等；

（2）size：字体尺寸，单位为磅；

---

① magenta 为洋红色。

(3) weight：BOLD 表示粗体，NORMAL 表示正常（默认值）；

(4) slant：斜体，ITALIC 表示倾斜，ROMAN 表示正常（默认值）。

其他属性还包括 underline、overstrike 等。

【示例 12.5】 设置组件文本字体。

```
#加载字体模块
import tkinter.font as tkFont
from tkinter import *
root =Tk()
#创建字体实例 ft
ft = tkFont.Font(family="隶书", size=14, weight=tkFont.BOLD, slant=tkFont.ITALIC)
label =Label(root, text="字体设置", font=ft)         #使用字体属性 font
label.pack(anchor=CENTER, expand=1)
root.mainloop()
```

上述代码的执行结果如图 12-5 所示。

除了使用字体属性，也可以使用字体三元组。上述示例中的代码如下。

```
ft = tkFont.Font(family="隶书", size=14, weight=tkFont.BOLD, slant=tkFont.ITALIC)
label =Label(root, text="字体设置", font=ft)
```

可以用如下一行代码代替上述代码。

```
label =Label(root, text="字体设置", font=("隶书", 14, "bold italic"))
```

其中，("隶书", 14, "bold italic")就是一个字体三元组。

图 12-5　设置标签组件的字体

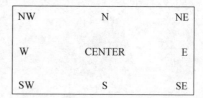

图 12-6　文本的参照点

12.1.3　锚点属性和样式属性

1. 锚点属性

锚点属性对应的属性名为 anchor，用于定义文字放置位置的参照点，其值为 N(north，上)、S(south，下)、W(west，左)、E(east，右)、NW(左上)、NE(右上)、SW(左下)、SE(右下)、CENTER(居中，默认值)，如图 12-6 所示。例如，如果使用 CENTER 作为文本的参照点，则文本将围绕该参照点水平居中和垂直居中。

2. 样式属性

样式属性对应的属性名为 relief，用来定义组件的边框样式。如果需要显示 2D 样式的边框，则此属性的取值为 FLAT；如果需要显示 3D 样式的边框，则此属性的取值为 SUNKEN、RAISED、RIDGE 和 GROOVE。

【示例 12.6】 设置组件的边框样式。

```
from tkinter import *
import tkinter
root = tkinter.Tk()
btn1 = tkinter.Button(root, text='FLAT', width=20, relief=FLAT)
btn2 = tkinter.Button(root, text='SUNKEN', width=20, relief=SUNKEN)
btn3 = tkinter.Button(root, text='RAISED', width=20, relief=RAISED)
btn4 = tkinter.Button(root, text='RIDGE', width=20, relief=RIDGE)
btn5 = tkinter.Button(root, text='GROOVE', width=20, relief=GROOVE)
btn1.pack()
btn2.pack()
btn3.pack()
btn4.pack()
btn5.pack()
root.mainloop()
```

上述代码的执行结果如图 12-7 所示。

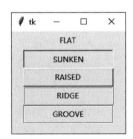

图 12-7 按钮的边框样式

12.1.4 位图属性和光标属性

1. 位图属性

位图属性对应的属性名为 bitmap，用来在组件上显示位图。tkinter 内置的位图有 error、gray75、gray50、gray25、gray12、hourglass、question、info、warning 和 questhead。

【示例 12.7】 使用 bitmap 属性在组件上显示位图。

```
from tkinter import *
root = Tk()
btn1 = Button(root, text="error", fg="red", bitmap="error")
btn1.pack(side=LEFT, padx=10)                                    #错误
btn2 = Button(root, text="info", fg="green", bitmap="info")
```

```
btn2.pack(side=LEFT, padx=10)                                                    #信息
btn3 =Button(root, text="warning", fg="blue", bitmap="warning")
btn3.pack(side=LEFT, padx=10)                                                    #警告
btn4 =Button(root, text="hourglass", fg="red", bitmap="hourglass")
btn4.pack(side=LEFT, padx=10)                                                    #沙漏
btn5 =Button(root, text="question", fg="green", bitmap="question")
btn5.pack(side=LEFT, padx=10)                                                    #疑问
root.mainloop()
```

上述代码的执行结果如图 12-8 所示。该图后 5 种位图依次是 gray75、gray50、gray25、gray12 和 questhead。

2. 光标属性

光标属性对应的属性名为 cursor。tkinter 支持多种光标形状，具体形状可能因操作系统而异。系统内置的光标有 arrow、circle、clock、cross、dotbox、exchange、fleur、heart、man 等。

【示例 12.8】 设置组件获得焦点时的光标形状。

```
from tkinter import *
root =Tk()
button1 =Button(root, text="circle", cursor="circle", width=10)
button1.pack()
button2 =Button(root, text="heart", cursor="heart", width=10)
button2.pack()
root.mainloop()
```

上述代码的执行结果如图 12-9 所示。读者可以将光标放置到 circle 或 heart 按钮上观察其效果。

图 12-8 位图样式

图 12-9 光标形状

12.2 布局管理器

tkinter 布局管理器用来组织和管理父组件中子组件的排列方式。tkinter 提供了 3 种布局管理类，它们分别是 pack 类、grid 类和 place 类。

12.2.1 pack 布局管理器

在默认情况下，pack 类自上而下将子组件依次放置在 Frame 组件或窗体内，其语法为

```
widget.pack(options)
```

其中，widget 为子组件，options 为一组属性及其对应的值。pack 类包含的属性如下。

(1) side：子组件在父组件中放置的相对位置，其值为 TOP(上)、BOTTOM(下)、LEFT(左)或 RIGHT(右)，默认值为居中放置；

(2) expand：当改变窗口大小时，若 expand＝1，则窗体会占满整个窗口剩余的空间；若 expand＝0，则窗体保持不变；

(3) fill：与 expand＝1 配合使用。其值可为 X(窗体会占满整个窗口水平方向剩余的空间)、Y(窗体会占满整个窗口垂直方向剩余的空间)、BOTH(窗体会占满整个窗口剩余的空间)、NONE(窗体保持不变)。

【示例 12.9】 使用 pack 类布局组件。

```
from tkinter import *
root =Tk()
frame =Frame(root)
frame.pack()
bottomframe =Frame(root)
bottomframe.pack(side=BOTTOM)
redbutton =Button(frame, text="Red", fg="red", width=10)
redbutton.pack(side=LEFT)
greenbutton =Button(frame, text="Green", fg="green", width=10)
greenbutton.pack(side=LEFT)
bluebutton =Button(frame, text="Blue", fg="blue", width=10)
bluebutton.pack(side=LEFT)
blackbutton =Button(bottomframe, text="Black", fg="black", width=10)
blackbutton.pack(side=BOTTOM)
root.mainloop()
```

上述代码的运行结果如图 12-10 所示。

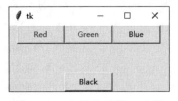

图 12-10　布局管理器 pack 类

12.2.2　grid 和 place 布局管理器

grid 类将子组件以类似于表的行列方式放置在父容器内，其语法为

```
widget.grid(options)
```

其中，widget 为子组件，options 为一组属性及其对应的值。grid 类包含的属性如下。

(1) row、column：组件在表格的第几行、第几列；

(2) rowspan、columnspan：组件在表格中垂直跨越的行数、水平跨越的列数；

(3) ipadx、ipady：组件水平方向和垂直方向的内边距；

(4) padx、pady：组件水平方向和垂直方向的外边距；

(5) sticky：与锚点属性 anchor 类似，其值为 N、S、W、E、NW、NE、SW、SE、CENTER。

【示例 12.10】 使用 grid 类布局组件。

```
from tkinter import *
root = Tk()
frame = Frame(root, relief=RAISED, borderwidth=2)
frame.pack(side=TOP, fill=BOTH, ipadx=5, ipady=5, expand=1)
for row in range(3):
    for col in range(3):
        btn = Button(frame, text="(%d, %d)" % (row, col))
        btn.grid(row=row, column=col)
root.mainloop()
```

上述代码的运行结果如图 12-11 所示。

图 12-11　布局管理器 grid 类

place 类将子组件放置在父容器中的特定位置，其语法为

```
widget.place(options)
```

其中，widget 为子组件，options 为一组属性及其对应的值。place 类包含的属性如下。

(1) anchor：见标准属性，默认值是 NW，表示子组件的左上角；

(2) bordermode：在放置子组件时是否考虑父容器的边框，INSIDE（默认值）为不考虑，OUTSIDE 为考虑；

(3) height、width：子组件的高度和宽度，单位是像素；

(4) x、y：组件的绝对水平距离和垂直距离，默认值均为 0。

其他属性还包括 relheight、relwidth、relx 和 rely 等。

【示例 12.11】 使用 place 类布局组件。

```
from tkinter import *
root = Tk()
frame = Frame(root, relief=RAISED, borderwidth=2, width=230, height=130)
frame.pack(side=TOP, fill=BOTH, expand=1)
btn1 = Button(frame, text="ONE")
```

```
#第 1 个按钮左边框的中心位于(40, 40)
btn1.place(x=40, y=40, anchor=W, width=80, height=40)
#第 2 个按钮左边框的中心位于(140, 80)
btn2 =Button(frame, text="TWO")
btn2.place(x=140, y=80, anchor=W, width=80, height=40)
root.mainloop()
```

上述代码的运行结果如图 12-12 所示。

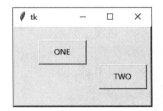

图 12-12　布局管理器 place 类

12.3　tkinter 事件处理

在使用 tkinter 开发 GUI 的过程中，有时需要处理一些事件，如键盘、鼠标动作。使用某种事件绑定，如 after()，将回调(callback)函数或方法绑定到组件的具体事件上。这样当组件发生该事件时，其对应的回调函数或方法就会执行。tkinter 事件的绑定语法为

```
widget.func(events, callback)
```

其中，widget 为 tkinter 组件；func 为函数名或方法名；events 为一个事件或多个事件的序列；callback 为事件处理函数或方法，又称回调函数或方法。

事件序列用尖括号括起来，其具体形式可表示为＜modifier - type - detail＞①。其中，修饰符 modifier 是可选的；类型 type 是最重要的，用于描述事件类型，如鼠标点击或键盘的按键；细节 detail 也是可选的，用于描述具体的按键，例如，Button-1 表示鼠标左键。

几种主要事件修饰符介绍如下。

（1）Any：表示任何类型的按键被按下时都触发该事件，例如，＜Any-KeyPress＞表示当用户按下任意键时触发该事件；

（2）Lock：当打开大写字母锁定键(CapsLock)时触发该事件；

（3）Double、Triple：分别表示当后续两个和三个事件接连发生时触发该事件，例如，＜Double-Button-1＞表示双击鼠标左键时触发该事件。

其他事件序列修饰符还包括 Alt、Ctrl、Shift 等按键。

---

① 注意要用连字符"-"分割。

几种主要事件类型介绍如下。

（1）Activate：当组件的状态从"未激活"变为"激活"时触发该事件。

（2）Button：点击鼠标按键时触发该事件；细节部分 detail 给出具体的按键。<Button-1>表示鼠标左键，<Button-2>表示鼠标中键，<Button-3>表示鼠标右键，<Button-4>表示滚轮上滚(Linux)，<Button-5>表示滚轮下滚(Linux)。

（3）ButtonRelease：释放鼠标按键时触发该事件；在大多数情况下，ButtonRelease 比 Button 更好用，因为当不小心按下鼠标时，可以将鼠标移出组件后再释放鼠标，从而可以成功地避免误触发事件。

（4）Configure：当组件的尺寸发生改变时触发该事件。

（5）Deactivate：当组件的状态从"激活"变为"未激活"时触发该事件。

（6）Destroy：当组件被销毁时触发该事件。

（7）Enter：当鼠标指针进入组件时触发该事件。

（8）Expose：当窗口或组件的某部分不再被覆盖时触发该事件。

（9）FocusIn：当组件获得焦点时触发该事件；可以用 Tab 键将焦点转移到该组件上（该组件的 takefocus 选项设置为 True 时）；也可以调用 focus_set()方法使该组件获得焦点。

（10）FocusOut：当组件失去焦点时触发该事件。

另外，还有 KeyPerss、KeyRelease、Map、Unmap、Motion、MouseWheel、Leave、Visibility 等事件。

几种主要事件细节介绍如下。

当事件为<KeyPress>（简写<Key>）、<KeyRelease>时，细节 detail 给出具体的按键名(keysym)，也就是按下或释放的是键盘的哪一个键。注意：下列 A 键可以替换为其他的按键。

（1）<KeyPress>表示按下任意键；

（2）<KeyPress-A>表示按下键盘 A 键；

（3）<Alt-KeyPress-A>表示同时按下 Alt 和 A 键[①]。

其他按键还包括<Control-KeyPress-A>、<Shift-KeyPress-A>、<Double-KeyPress-A>、<Lock-KeyPress-A>、<Alt-Control-KeyPress-A>等。

在 tkinter 中，event 是一个事件类。当某个事件发生时，首先生成一个 event 实例，不同类型的事件生成具有不同属性的 event 实例，然后该实例被传递给事件回调函数。event 事件类的属性介绍如下。

（1）widget：产生该事件的组件；

（2）x、y：鼠标的当前位置坐标（相对于窗口左上角，单位为像素）；

（3）x_root、y_root：鼠标的当前位置坐标（相对于屏幕左上角，单位为像素）；

（4）num：鼠标按键对应的数字，1 表示鼠标左键、2 表示鼠标中键、3 表示鼠标右键、4 表示滚轮上滚(Linux)、5 表示滚轮下滚(Linux)。

---

① 在<Alt-KeyPress-A>中 Alt 为修饰符 modifier，KeyPress 为事件类型 type，A 为细节 detail。

另外，还有 width、height、char、keysym、keycode、type 等属性。

事件绑定的主要方法如下。

(1) after(delay[，callback [，arguments]])：在延迟 delay 毫秒后，调用 callback 函数，arguments 是 callback 函数的参数。该方法返回一个 identifier 值，该值可以在 after_cancel()方法中使用。如果未给定 callback 回调函数，则该方法等价于 time.sleep(delay)；

(2) after_cancel(identifier)：取消回调函数，identifier 是 after()函数的返回值；

(3) bind(event，callback)：设置 event 事件的处理函数 callback。可以使用 bind(event，callback，"＋")格式设置多个回调函数 callback。

另外，还有 after_idle()、bindtags()、bind_all()、unbind_all()、bind_class()、unbind()、unbind_class()等事件绑定方法。

【示例 12.12】 使用 after()方法实现一个秒表。

```
import tkinter as tk
class Timer:
    def __init__(self, parent):
        self.seconds = 0
        self.lbTimer = tk.Label(parent, text="0 s", font="Calibri 20", width=10)
        self.lbTimer.pack()
        self.lbTimer.after(1000, self.refresh_label)
    def refresh_label(self):
        self.seconds += 1
        self.lbTimer.configure(text="%d s" % self.seconds)
        self.lbTimer.after(1000, self.refresh_label)
if __name__ == "__main__":①
    root = tk.Tk()
    timer = Timer(root)
    root.mainloop()
```

上述代码的运行结果如图 12-13 所示。

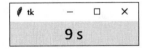

图 12-13　使用 after()方法实现秒表

【示例 12.13】 使用 bind()方法获取鼠标点击的位置坐标。

```
from tkinter import *
def handler(event, txtbox):
    if event.num in [1, 2, 3]:
```

---

① Python 程序直接运行时其__name__属性的值等于__main__。

```
            if event.num ==1:
                k ='左'
            elif event.num ==2:
                k ='中'
            else:
                k ='右'
            txtbox.insert(INSERT, "鼠标<%s>键点击的坐标(%d,%d)\n" % (k, event.x,
event.y))
root =Tk()
frame =Frame(root, width=100, height=60)
txt =Text(frame, height=5)
txt.pack(side=LEFT, padx=20, pady=20)
frame.bind("<Button>", func=lambda event: handler(event, txt))
frame.pack()
root.mainloop()
```

上述代码的运行结果如图12-14所示。注意在文本框的外部、frame框架范围内点击鼠标(灰色部分),才能响应鼠标点击事件。

【示例12.14】 在一个文本组件Text中获取键盘的按键,然后将该按键在另一个文本组件Text中输出。

```
import tkinter

def print_char(event, txtbox):
   txtbox.insert(tkinter.END, event.char)

root =tkinter.Tk()
top_txt =tkinter.Text(root, height=3, width=20, font=("Calibri", 20))
top_txt.pack()
top_txt.bind("<Key>", func=lambda event: print_char(event, bottom_txt))
bottom_txt =tkinter.Text(root, height=3, width=20, font=("Calibri", 20))
bottom_txt.pack()
root.mainloop()
```

上述代码的运行结果如图12-15所示。在该图上面的文本框中按键盘的任意键,对应的按键名(key symbol)输出在下面的文本框中。

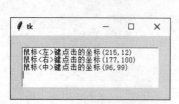

图 12-14 使用 bind()方法

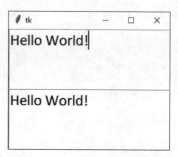

图 12-15 获取键盘的按键名

12.4 常用组件

12.4.1 按钮组件

按钮组件用于在图形用户界面上添加按钮。在按钮上可以显示文本或图像,并响应点击行为。将一个按钮与函数关联后,每当该按钮被按下时,系统就会自动调用该关联函数。创建按钮的语法为

```
Button(master, option=value, ...)
```

其中,master 为按钮的父容器;option 为可选项,即按钮的可设置属性,这些选项以"键=值"的形式设置,并用","分隔。

按钮除了具有标准属性外,还具有以下 5 个属性。

(1) command:按钮被点击时调用的函数或方法;

(2) image:按钮上显示的图像;

(3) justify:多行文本的对齐方式,其中 LEFT 表示左对齐、CENTER 表示居中对齐、RIGHT 表示右对齐;

(4) state:设置按钮的状态,其值为 NORMAL、ACTIVE、DISABLED(默认值);

(5) text:按钮上显示的文本,使用换行符\n 显示多行文本。

按钮的主要方法如下。

(1) flash():在激活颜色和正常颜色之间闪烁几次;

(2) invoke():调用按钮的回调函数,并返回该函数的返回值。如果按钮被禁用或没有回调函数,则无效。

【示例 12.15】 按钮的点击事件。

```
from tkinter import *
from tkinter import messagebox
root = Tk()
root.geometry("200x100")          #窗口的长和宽分别为 200 和 100 像素

def btn_click():
    messagebox.showinfo("Hello Python", "Hello World")

btn = Button(root, text="Click Me", command=btn_click)
btn.place(x=80, y=30)
root.mainloop()
```

上述代码的运行结果如图 12-16 所示。

12.4.2 画布组件

画布组件(Canvas)用于创建与显示图形,如直线、椭圆、多边形等;也可以将图形、文

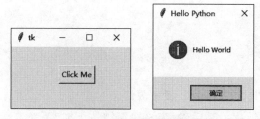

图 12-16　按钮的点击事件

本、其他组件或框架放置在画布上。创建画布的语法为

```
Canvas(master, option=value, ...)
```

其中，master 为画布的父容器；option 为可选项，即画布的可设置属性，这些选项以"键＝值"的形式设置，并用","分隔。

画布除了具有标准属性外，还具有如下属性。

（1）confine：如果为 True（默认），则画布不能在滚动区域（scrollregion）外滚动；

（2）scrollregion：元组（w, n, e, s）定义了画布可滚动的最大区域，w、n、e、s 分别代表区域的左边界、上边界、右边界、下边界；

（3）xscrollincrement、yscrollincrement：水平和垂直的滚动值。

另外还有 xscrollcommand、yscrollcommand 等属性。

画布的主要方法如下。

（1）create_line(x0, y0, x1, y1, ⋯, xn, yn, options)：根据给定的坐标点绘制线条，其中，options 可以是 width 或 fill。width 定义线条的宽度，默认值是 1 像素；fill 定义线条的颜色，默认值是黑色（black）；

（2）create_arc(coord, start, extent, fill)：根据给定的左上角与右下角的坐标 coord、圆弧的起始角度 start（逆时针方向）、结束角度 extent（逆时针方向）、填充颜色 fill 绘制圆弧；

（3）create_oval(x0, y0, x1, y1, options)：创建一个圆形或椭圆形，其中，x0、y0 为绘图区域的左上角坐标；x1、y1 为右下角坐标；options 可以是 fill 或 outline。fill 定义填充色，默认值是 empty（透明）；outline 定义图形的轮廓颜色。

画布的主要方法还包括 create_polygon()、create_rectangle()、create_text()、create_window()、create_bitmap()、create_image()、delete()、itemconfig()、move()、coords()等。

【示例 12.16】　关于画布的应用程序。

```
from tkinter import *
root = Tk()
cv = Canvas(root, bg="white", height=200, width=300)
coord = 0, 0, 240, 210
arc = cv.create_arc(coord, start=10, extent=150, fill='blue')
btn = Button(cv, text="Button", width=10)
```

```
cv.create_window(200, 150, window=btn, anchor=W)
line =cv.create_line(10, 10, 200, 150, fill ='black')
cv.pack()
root.mainloop()
```

上述代码的运行结果如图 12-17 所示。

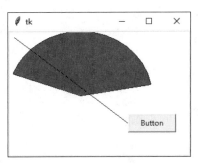

图 12-17　画布

12.4.3　复选按钮

复选按钮(Checkbutton)用于显示多个选项,通过单击按钮可以选择一个或多个选项。创建复选按钮的语法为

```
Checkbutton(master, option=value, ...)
```

其中,master 为复选按钮的父容器;option 为可选项,即该复选按钮的可设置属性,这些选项以"键＝值"的形式设置,并用","分隔。

复选按钮除了具有标准属性外,还具有如下属性。

(1) command：复选按钮状态改变时调用的函数或方法；

(2) justify：显示多行文本时的对齐方式,LEFT 表示左对齐、CENTER 表示居中对齐、RIGHT 表示右对齐。

此外,复选按钮还有 offvalue、onvalue、state、text、viariable、image、selectimage、selectcolor 等属性。

复选按钮的主要方法如下。

(1) deselect()：关闭复选按钮；
(2) flash()：在激活颜色和正常颜色之间闪烁几次；
(3) invoke()：调用此方法以获得与单击复选按钮更改其状态时相同的操作；
(4) select()：打开复选按钮；
(5) toggle()：在选中与未选中之间切换。

【示例 12.17】　简单的复选按钮。

```
from tkinter import *
def selection_changed():
```

```
        print("%d : %s" %(is_music.get(), is_video.get()))
root = Tk()
is_music = IntVar(value=0)
is_video = StringVar(value='N')
cb_music = Checkbutton(root, text='Music', variable=is_music, \
    onvalue=1, offvalue=0, width=20, command=selection_changed)
cb_video = Checkbutton(root, text='Video', variable=is_video, \
    onvalue='Y', offvalue='N', width=20, command=selection_changed)
cb_music.pack()
cb_video.pack()
root.mainloop()
```

上述代码的运行结果如图 12-18 所示。

图 12-18　复选按钮

12.4.4　文本框

文本框(Entry)用于输入一行文本；如果需要输入多行文本，则可以使用 Text 组件；如果需要显示一行或多行文本且不许修改，则可以使用 Label 组件。创建文本框的语法为

```
Entry(master, option=value, ...)
```

其中，master 为文本框的父容器；option 为可选项，即该按钮的可设置属性，这些选项以"键=值"的形式设置，并用","分隔。

文本框除了具有标准属性外，还具有如下属性。

(1) exportselection：如果在输入框中选中文本，则默认情况会将此文本复制到粘贴板，设置 exportselection=0 可取消此功能；

(2) justify：显示多行文本时的对齐方式，LEFT 表示左对齐、CENTER 表示居中对齐、RIGHT 表示右对齐；

(3) show：设置文本框如何显示文本内容。如果该属性值非空，则文本框会显示指定的字符串以代替真正的文本内容；如果将该选项设置为 *，则文本框变为密码输入框。

此外，文本框还有 state、textvariable、xscrollcommand 等属性。

文本框的主要方法如下。

(1) delete(first, last=None)：从文本框中删除字符，从 first 索引处的字符开始，直到但不包括 last 索引处的字符。如果省略第二个参数，则只删除索引 first 指向的单个字符。

(2) get()：以字符串形式返回文本框的当前文本。

(3) insert(index, s)：在给定的 index 索引指向的字符前面插入字符串 s。

文本框的其他方法还包括 index()、icursor()、select_adjust()、select_clear()、select_ from()、select_present()、select_range()、select_to()、xview()、xview_scroll()。

【示例12.18】 文本框的应用程序。

```
from tkinter import *
def validate():
    if len(sv.get()) >3:               #用户名长度大于 3
        return True
    else:
        entry.delete(0, END)           #用户名长度小于或等于 3 时清空文本框
        return False
root = Tk()
top_canvas = Canvas(root)
Label(top_canvas, text="用户名:", width=6).pack(side=LEFT)
sv = StringVar()
entry = Entry (top _ canvas, textvariable = sv, validate =" focusout ",
validatecommand=validate)
entry.pack(side=LEFT)
top_canvas.pack(anchor=N, expand=YES, fill=X, padx=5, pady=5)
bottom_canvas = Canvas(root)
Label(bottom_canvas, text="密码:", width=6).pack(side=LEFT)
Entry(bottom_canvas, show="*", validatecommand=validate).pack(side=LEFT)
bottom_canvas.pack(anchor=N, expand=YES, fill=X, padx=5, pady=5)
root.mainloop()
```

上述代码的运行结果如图 12-19 所示。

12.4.5 列表框

列表框(Listbox)用于显示一个选择列表,可以从列表中选择一个或多个选项。列表框跟复选按钮和单选按钮类似,只不过列表框是以列表的形式提供选项的。创建列表框的语法为

图 12-19 文本框

```
Listbox(master, option=value, ...)
```

其中,master 为列表框的父容器;option 为可选项,即列表框的可设置属性,这些选项以"键=值"的形式设置,并用逗号","分隔。

列表框除了具有标准属性外,还具有如下属性。

(1) selectmode:选择模式 BROWSE(单选,可以拖动)、SINGLE(单选,不可拖动)、MULTIPLE(多选)、EXTENDED(多选但需要同时按住 Shift 键或 Ctrl 键或拖拽鼠标实现);

(2) xscrollcommand:将该属性与 Scrollbar 组件相关联,即可为列表框添加水平滚动条;

(3) yscrollcommand:将该属性与 Scrollbar 组件相关联,即可为列表框添加垂直滚动条。

列表框的主要方法如下。

（1）delete(first,last=None)：删除参数 first 到 last 范围内的所有选项（包括 first 和 last）；如果忽略 last 参数,则只删除 first 参数指定的选项。

（2）get(first,last=None)：返回一个元组,包含参数 first 到 last 范围内的所有选项（包括 first 和 last）；如果忽略 last 参数,则只返回 first 参数指定的选项。

（3）insert(index,*elements)：添加一个或多个项目到列表框中。

另外,列表框的方法还有 see()、select_clear()、selection_set()、nearest()、size()、index()、curselection()、activate()、yview_scroll()、yview_moveto()、yview()、xview_scroll()、xview_moveto()、xview()。

【示例 12.19】 列表框应用程序。

```python
from tkinter import *

def lbox_click(event):
    index = lbox.nearest(event.y)
    print(index, lbox.get(index))
root = Tk()
sv = StringVar()
sv.set("Python Perl C PHP JSP Ruby")
lbox = Listbox(root, height=6, listvariable=sv)
lbox.pack(padx=5, pady=5, expand=YES, fill=BOTH)
lbox.bind("<Button-1>", func=lbox_click)
root.mainloop()
```

上述代码的运行结果如图 12-20 所示。

图 12-20　列表框

12.4.6　单选按钮和文本组件

另外还有几个组件,此处不再详细地介绍,本节仅给出示例代码,供读者参考。

1. 单选按钮

第一种风格的单选按钮（Radiobutton）的示例代码如下。

程序源码

```python
import tkinter
root = tkinter.Tk()
```

```
v =tkinter.IntVar()
v.set(1)
radio_button1 = tkinter.Radiobutton(root, text="Radiobutton 1", variable=v,
value=1)
radio_button2 = tkinter.Radiobutton(root, text="Radiobutton 2", variable=v,
value=2)
radio_button1.pack()
radio_button2.pack()
root.mainloop()
```

上述代码的执行结果如图 12-21 所示。

另一种风格的单选按钮的示例代码如下。

```
import tkinter
root =tkinter.Tk()
v =tkinter.IntVar()
v.set(1)
radio_button1 =tkinter.Radiobutton(root, text="Radiobutton 1", \
                                    variable=v, value=1, indicatoron=False)
radio_button2 =tkinter.Radiobutton(root, text="Radiobutton 2", \
                                    variable=v, value=2, indicatoron=False)
radio_button1.pack()
radio_button2.pack()
root.mainloop()
```

上述代码的执行结果如图 12-22 所示。

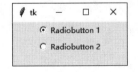
图 12-21　不同风格的单选按钮(1)

图 12-22　不同风格的单选按钮(2)

2. 文本组件

允许输入多行文本的文本组件(Text)：

```
import tkinter
root =tkinter.Tk()
text =tkinter.Text(root, width=20, height=3)
text.insert(tkinter.END, "第一行\n第二行\n第三行")
text.pack()
root.mainloop()
```

上述代码的执行结果如图 12-23 所示。

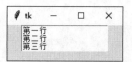

图 12-23　文本组件

12.4.7　与菜单有关的组件

菜单组件(Menu)示例代码如下。

程序源码

```
from tkinter import *
def exit_program():
    exit()

root = Tk()
root.title("Tkinter Window")
root.geometry("400x200")
my_menu = Menu(root)
root.config(menu=my_menu)

file_menu = Menu(my_menu)
file_menu.add_command(label="New...")
file_menu.add_command(label="Exit", command=exit_program)
my_menu.add_cascade(label="File", menu=file_menu)

edit_menu = Menu(my_menu)
edit_menu.add_command(label="Undo")
edit_menu.add_command(label="Redo")
my_menu.add_cascade(label="Edit", menu=edit_menu)
root.mainloop()
```

上述代码的执行结果如图 12-24 所示。

选项菜单(OptionMenu)示例代码如下。

```
import tkinter
root = tkinter.Tk()
sv = tkinter.StringVar(root)
options = ("Option 1", "Option 2", "Option 3")
option_menu = tkinter.OptionMenu(root, sv, *options)
option_menu.pack()
root.mainloop()
```

上述代码的执行结果如图 12-25 所示。

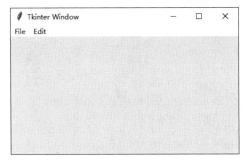

图 12-24　菜单组件　　　　　　图 12-25　选项菜单

12.4.8　容器组件

简单的容器组件（LabelFrame）示例代码如下。

程序源码

```
import tkinter

root = tkinter.Tk()
labelframe = tkinter.LabelFrame(root, text='LabelFrame')
label = tkinter.Label(labelframe, text='LabelFrame 的子组件')
labelframe.pack(padx=20, pady=10)
label.pack()
root.mainloop()
```

上述代码的执行结果如图 12-26 所示。

图 12-26　简单的容器组件

顶层容器组件（Toplevel）示例代码如下。

```
from tkinter import *
root = Tk()
top = Toplevel(root)
top.title("About this application...")
about_message = "This is a tkinter demo application."
msg = Message(top, text=about_message)
msg.pack()
button = Button(top, text="关闭", command=top.destroy)
button.pack()
root.mainloop()
```

上述代码的执行结果如图 12-27 所示。

图 12-27 顶层容器组件

程序源码

12.4.9 消息框和文件对话框

1. 消息框的使用

使用消息框(messagebox)的示例代码如下。

```python
from tkinter import *
import tkinter.messagebox as mbox

def btn_click():
    mbox.showinfo("Alert", "警告信息!")
    response = mbox.askokcancel("Question", "喜欢tkinter吗?")
    if response == 1:
        Label(root, text="是的,喜欢!").pack()
    else:
        Label(root, text="对不起,不喜欢!").pack()

root = Tk()
root.geometry('200x100')
btn = Button(root, text='Click Me', pady=5, width=10, command=btn_click)
btn.pack()
root.mainloop()
```

上述代码的执行结果如图 12-28 所示。

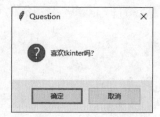

图 12-28 消息框

2. 文件对话框的使用

使用文件对话框(filedialog)的示例代码如下。

```python
from tkinter import filedialog
from tkinter import *
```

```
def button_click():
    filedialog.askopenfilename(initialdir ="/", title ="Select file", \
                   filetypes =(("jpeg files", "*.jpg"), ("all files", "*.*")))
root =Tk()
button =Button(root, text="打开文件", command=button_click)
button.pack()
root.mainloop()
```

上述代码的执行结果如图 12-29 所示。

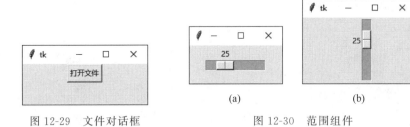

图 12-29　文件对话框　　　　图 12-30　范围组件

12.4.10　其他组件

范围组件(Scale)示例代码如下。

程序源码

```
import tkinter
root =tkinter.Tk()
scale =tkinter.Scale(root, from_=0, to=100, orient=tkinter.HORIZONTAL)
scale.set(25)
scale.pack()
root.mainloop()
```

上述代码的执行结果如图 12-30(a)所示。读者可以将选项 orient 的值修改为 tkinter.VERTICAL，以得到图 12-30(b)。

关于进度条(Progressbar)示例代码如下。

```
from tkinter.ttk import *
from tkinter import *
root =Tk()
progressbar =Progressbar(root, orient='horizontal', length=300, mode="determinate")
progressbar.pack()
def progress(currentValue):
    progressbar["value"] =currentValue
currentValue =0
```

```
progressbar["value"] = currentValue
maxValue = 100
progressbar["maximum"] = maxValue
times = 10
for i in range(times):
    currentValue = currentValue + 10
    progressbar.after(1500, progress(currentValue))
    progressbar.update()
root.mainloop()
```

上述代码的执行结果如图 12-31 所示。

添加了滚动条(Scrollbar)的列表框,其示例代码如下。

```
from tkinter import *

root = Tk()
scrollbar = Scrollbar(root)
scrollbar.pack(side=RIGHT, fill=Y)
listbox = Listbox(root, yscrollcommand=scrollbar.set)
for i in range(20):
    listbox.insert(END, str(i))
listbox.pack(side=LEFT, fill=BOTH)
scrollbar.config(command=listbox.yview)
root.mainloop()
```

上述代码的执行结果如图 12-32 所示。

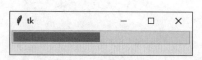
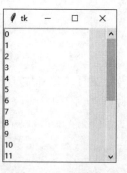

图 12-31　进度条　　　　　图 12-32　滚动条

组合框(Combobox)示例代码如下。

```
from tkinter import ttk
import tkinter
root = tkinter.Tk()
ttk.Label(root, text="Choose a number:").grid(column=1, row=0)
number = tkinter.StringVar()
```

```
numberChosen =ttk.Combobox(root, width=12, textvariable=number)
numberChosen['values'] = (1, 2, 4, 12, 20)
numberChosen.grid(column=1, row=1)
numberChosen.current(0)                #此处的 0 为元素的下标
root.mainloop()
```

上述代码的执行结果如图 12-33 所示。

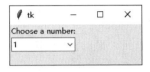

图 12-33　组合框

12.5　小结

对一款商业软件而言，其图形用户界面是否人性化、是否方便易用是十分重要的。本章以 Python 语言的内置模块 tkinter 为例，系统讲述了创建 GUI 应用程序的 4 个步骤、组件的标准属性、布局管理器、常用的组件、事件处理等内容。通过本章的学习，读者一定能够设计出具有一定复杂度的用户界面。

练习题 12

1. 编写程序加载 tkinter 库并起别名 tk。
2. 创建一个 GUI，其标题为"欢迎您！"。
3. 写出 tkinter 库中 5 个常用的组件。
4. 写出 tkinter 库显示文本的 3 个组件。
5. 组件的尺寸单位有哪些？
6. tkinter 库中两种指定颜色的通用方法是什么？
7. 分别列举 3 种尺寸属性和颜色属性。
8. 给出一个字体三元组。
9. 锚点属性对应的属性名是什么？写出 5 个最常用的参照点。参照点的默认值是什么？
10. 样式属性对应的属性名是什么？想要显示 3D 样式的边框，样式属性可以取哪些值？
11. 位图属性对应的属性名是什么？写出 3 种常用的位图名称。
12. 光标属性对应的属性名是什么？写出 3 种系统内置的光标形状名称。
13. tkinter 库有几种布局管理器？分别是什么？
14. 创建 4 个按钮，其上文字分别为(0，0)、(0，1)、(1，0)和(1，1)，使用 grid 类将这 4 个按钮分别放到它们对应的格子里，如将按钮(0，0)放到(0，0)格子。

15. 设计如图 12-34 所示的界面,当按住 Alt 键并单击 Hello 按钮时,在下方的文本框中输出一个字符串 Hello 并换行。

16. 设计一个用户登录界面,如图 12-35 所示。当输入用户名 admin、密码 1234 后,单击"提交"按钮,此时弹出一个消息框,提示用户"登录成功";否则显示"登录失败"。注意密码的回显字符为 *。

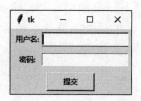

图 12-34　事件处理　　　　图 12-35　登录界面

第 13 章 Python 语言的常用函数

Python 3.7.9 解释器一共有 69 个内置函数,如表 13-1 所示,可以使用下列命令得到这些函数。

```
>>>dir(__builtins__)
```

表 13-1 内置函数

__import__()	abs()	all()	any()	ascii()
bin()	bool()	breakpoint()	bytearray()	bytes()
callable()	chr()	classmethod()	compile()	complex()
delattr()	dict()	dir()	divmod()	enumerate()
eval()	exec()	filter()	float()	format()
frozenset()	getattr()	globals()	hasattr()	hash()
help()	hex()	id()	input()	int()
isinstance()	issubclass()	iter()	len()	list()
locals()	map()	max()	memoryview()	min()
next()	object()	oct()	open()	ord()
pow()	print()	property()	range()	repr()
reversed()	round()	set()	setattr()	slice()
sorted()	staticmethod()	str()	sum()	super()
tuple()	type()	vars()	zip()	

表 13-1 中的大多数函数,在前面的章节中已经介绍,本章再讲解几个既常用又重要的函数,充分利用这些函数能够极大地提高程序的开发效率和执行效率,而且使得程序更加健壮。

13.1 常用函数介绍

本节详细介绍 8 个函数,它们分别是执行函数 exec()、过滤函数 filter()、投影函数 map()、区间函数 range()、缩减函数 reduce()、组合函数 zip()、枚举函数 enumerate()和格式函数

format()。除缩减函数 reduce()外,其他 7 个函数都是 Python 语言的内置函数。

13.1.1 执行函数和过滤函数

1. 执行函数 exec()

exec 是单词 execute 的简写,execute 有"执行"的意思。exec(x)动态执行代码。

【示例 13.1】

```
>>>code ='a =1\nb =2\nprint("sum =", a +b)'
>>>exec(code)
sum = 3
```

上述代码等价于:

```
>>>a =1
>>>b =2
>>>print("sum =", a +b)
sum = 3
```

2. 过滤函数 filter()

filter 有"过滤"的意思。filter(func,iter)函数返回一个 filter 对象,该对象由 iter 中的元素组成,这些元素使得函数 func()的返回值为 True;如果函数 func()为 None,则 filter 对象中的元素等价于 True。

【示例 13.2】

```
>>>def f(x):
    return x %2 !=0 and x %3 !=0        #x 不能被 2 和 3 整除时,返回 True
>>>result =filter(f, range(2, 10))      #依次检查整数 2, 3, …, 9
>>>list(result)
[5, 7]
```

【示例 13.3】

```
>>>alphabets =['a', 'b', 'c', 'd']
>>>def filter_vowels(letter):
    vowels =['a', 'e', 'i', 'o', 'u']    #元音字母
    if letter in vowels:
        return True
    else:
        return False
>>>filtered_vowels =filter(filter_vowels, alphabets)
>>>list(filtered_vowels)                 #保留元音字母
['a']
```

【示例 13.4】

```
>>>lt =[1, 'a', 0, False, True, '0']        #0 和 False 都为假
>>>filteredList =filter(None, lt)
>>>list(filteredList)
[1, 'a', True, '0']
```

13.1.2 投影函数和区间函数

1. 投影函数 map()

map 有"投影"的意思。map(func，iter)函数返回一个 map 对象,该对象由 func() 的函数值组成,func 函数作用于 iter 中的每一个元素。

【示例 13.5】

```
>>>def calculate_square(n):                  #计算 n 的平方
    return n * n
>>>nums = (1, 2, 3)
>>>result =map(calculate_square, nums)
>>>set(result)                               #将计算结果转换为集合
{1, 4, 9}                                    #得到 1、2、3 的平方
```

【示例 13.6】

在 map()函数中使用匿名函数 lambda：

```
>>>nums = (1, 2, 3)
>>>result =map(lambda x: x * x, nums)
>>>list(result)                              #将计算结果转换为列表
[1, 4, 9]
```

【示例 13.7】

```
>>>lt1 =[1, 2, 3]
>>>lt2 =[2, 3, 5, 6]                         #两个列表可以是不等长的
>>>result =map(lambda n1, n2: n1+n2, lt1, lt2)
>>>list(result)                              #计算两个列表中对应元素的和
[3, 5, 8]
```

2. 区间函数 range()

range 有"范围、区间"的意思。range([start，] end [，step])函数返回一个 range 对象,该对象包含[start，end－1]区间内以 step 为步长的所有整数。range 对象属于惰性求值,也就是延迟求值,只有在需要时才进行求值。因为创建一个列表,尤其是大列表时内存的开销非常大。

【示例 13.8】

```
>>>range(5)
range(0, 5)                            #range 对象
>>>list(range(5))                      #惰性求值
[0, 1, 2, 3, 4]
>>>list(range(2, 5))                   #起点 2,终点 5(不包括)
[2, 3, 4]
>>>list(range(1, 10, 3))               #起点 1,终点 10(不包括),步长 3
[1, 4, 7]
```

13.1.3　缩减函数、组合函数和枚举函数

1. 缩减函数 reduce()

reduce 有"减少、缩小"的意思。reduce(func,seq[,initial])函数返回一个数值,reduce 将函数 func()[①]从左到右依次作用于序列 seq 中的每一个元素。使用 reduce()函数时需要导入 functools 模块。如果给定参数 initial,则将其作为序列 seq 的第一项。示例如下:

```
>>>from functools import reduce
>>>reduce(lambda x, y: x+y, [1, 2, 3, 4, 5])
15
```

上述代码的计算过程:1 与 2 相加得到 3,3 与 3 相加得到 6,6 与 4 相加得到 10,10 与 5 相加得到 15,15 就是最终的运算结果。

```
>>>reduce(lambda a, b: a+b, [], 5)      #初始值 initial 为 5
5
>>>reduce(lambda a, b: a+b, [1, 3], 5)  #初始值 initial 为 5
9
```

2. 组合函数 zip()

zip 有"拉链"的意思。zip(iter1 [,iter2 [...]])函数返回一个 zip 对象,其元素为 (iter1[i], iter2[i], ...)形式的元组。

【示例 13.9】

```
>>>o =zip([1, 2], ['a', 'b'])           #对两个列表[1, 2]和['a', 'b']执行 zip 运算
>>>list(o)                              #将 zip 对象转换为列表
[(1, 'a'), (2, 'b')]
```

【示例 13.10】

```
>>>m =zip([2, 4], ['h', 'o'], ['x', 'y', 'z'])    #对三个列表执行 zip 运算
```

---

① func()函数有两个参数。

```
>>>list(m)                          #列表可以是不等长的
[(2,'h','x'),(4,'o','y')]
```

3. 枚举函数 enumerate()

enumerate 有"枚举"的意思。enumerate(iter[, start=0])函数将一个可遍历的数据对象,如列表、元组、字符串,组合得到一个索引序列。

【示例 13.11】

```
>>>grocery =['bread', 'milk', 'butter']
>>>result =enumerate(grocery)
>>>list(result)
[(0, 'bread'), (1, 'milk'), (2, 'butter')]
```

【示例 13.12】

```
>>>result =enumerate(grocery, 1)    #设置索引的初始值为1
>>>list(result)
[(1, 'bread'), (2, 'milk'), (3, 'butter')]
```

【示例 13.13】

```
>>>for count, item in enumerate(grocery):
    print(count, item)
0 bread
1 milk
2 butter
```

13.1.4 格式函数

1. 格式函数 format()

format 有"格式"的意思。format()函数解决字符串和变量同时输出时的格式问题,其语法格式。

```
<模板>.format(<以逗号分隔的参数>)
>>>"{}曰:学而时习之,不亦说乎?".format('孔子')
'孔子曰:学而时习之,不亦说乎?'
```

模板中的大括号{}叫作槽(slot)。format()函数的参数从 0 开始编号:

```
>>>"{} {}".format('hello', 'world')
'hello world'
```

在上述代码中,实参 hello 和 world 的编号分别为 0 和 1。

```
>>>"{2}: {0} {1}".format('hello', 'world', 'Brian')
'Brian: hello world'
```

槽的个数与实参的个数不一致时会出错,此时必须在槽中使用编号指定要使用的参数:

```
>>>"{}-{}".format('good')              #槽的个数与实参的个数不一致,引发异常
Traceback (most recent call last):
  File "<pyshell#183>", line 1, in <module>
    "{}-{}".format('good')
IndexError: tuple index out of range
>>>"{0}-{0}".format('good')            #在槽中使用编号指定要使用的参数
'good-good'
```

如果想输出大括号"{"或"}",则需要在模板中使用两个"{{"或"}}":

```
>>>"{{{}}}".format('one')
'{one}'
```

槽{}中除了包含参数的编号,还可以包含格式控制标记,其语法格式如下。

```
{<参数的编号>:<格式控制标记>}
```

格式控制标记包括填充、对齐、宽度、逗号、精度和类型等多个字段,如表13-2所示。这些字段是可选的,也可以组合起来使用。接下来按功能将这6个字段分成两组进行讲解。

表13-2 格式控制标记

标　记	说　明
:	引导符
<填充>	用于填充的单个字符
<对齐>	<左对齐(默认);>右对齐;^居中对齐
<宽度>	设定槽的输出宽度
<,>	数据的千分位分隔符,只适用于整数和浮点数
<.精度>	浮点数小数部分的精度或字符串的最大输出长度
<类型>	整数类型:b, c, d, o, x, X; 浮点数类型:e, E, f, %

第一组:<填充>、<对齐>和<宽度>,用于指定字符串的输出格式。

```
>>>s='人工智能'
>>>"{:25}".format(s)                   #左对齐(默认),输出宽度25
'人工智能                 '
>>>"{:1}".format(s)                    #输出宽度1,小于s的长度,s原样输出
'人工智能'
>>>"{:^25}".format(s)                  #居中对齐,输出宽度25
'         人工智能        '
>>>"{:>25}".format(s)                  #右对齐,输出宽度25
```

```
'         人工智能         '
>>>"{:*^25}".format(s)              #居中对齐,用星号*填充
'**********人工智能***********'
>>>"{:+^25}".format(s)              #居中对齐,用加号+填充
'++++++++++人工智能+++++++++++'
```

可以在格式控制标记中使用变量:

```
>>>s ="人工智能"
>>>y ='-'
>>>"{0:{1}^25}".format(s, y)        #变量y代表填充字符
'----------人工智能-----------'
>>>"{0:{1}^{2}}".format(s, y, 25)   #y和25分别代表填充字符和输出宽度
'----------人工智能-----------'
```

第二组:＜,＞、＜.精度＞和＜类型＞,用于指定数据的输出格式。
首先看格式控制标记逗号＜,＞的用法:

```
>>>num =1234567890
>>>"{:-^25,}".format(num)
'------1,234,567,890------'
>>>"{:-^25}".format(num)            #对比两种输出结果
'-------1234567890--------'
```

＜.精度＞以小数点(.)开头。对于浮点数,精度表示输出小数部分时保留的位数(必要时进行四舍五入);对于字符串,精度表示输出的最大长度。

```
>>>"{:.2f}".format(1245.6912)       #保留2位小数,f表示输出浮点数
'1245.69'
>>>"{:>10.1f}".format(1245.6912)    #输出的浮点数占10列,注意小数点占1列
'    1245.7'
>>>"{:.5}".format('人工智能')        #字符串的实际长度小于5,以实际长度为准
'人工智能'
>>>"{:.3}".format('人工智能')        #字符串的实际长度大于3,进行截取
'人工智'
```

＜类型＞指定整数和浮点数的输出格式。对于整数类型,其包含如下6种输出格式。
(1) b:输出整数的二进制形式;
(2) c:输出整数对应的Unicode字符;
(3) d:输出整数的十进制形式;
(4) o:输出整数的八进制形式;
(5) x:输出整数的小写十六进制形式;
(6) X:输出整数的大写十六进制形式。
整数类型输出示例如下。

```
>>>"{0:b}".format(43)              #可以省略参数编号0,等价于"{:b}".format(43)
'101011'
>>>"{0:c}".format(43)              #整数43对应的ASCII字符是加号+
'+'
>>>"{0:d}".format(43)
'43'
>>>"{0:o}".format(43)
'53'
>>>"{0:x}".format(43)
'2b'
>>>"{0:X}".format(43)
'2B'
```

对于浮点数类型,其包含如下4种输出格式。

(1) e:输出浮点数的指数形式,使用小写字母e(exponential(指数的));

(2) E:输出浮点数的指数形式,使用大写字母E;

(3) f:输出浮点数的标准形式(float);

(4) %:输出浮点数的百分比形式。

浮点数类型输出示例如下。

```
>>>"{0:.2e}".format(0.618)         #参数编号0可以省略
'6.18e-01'                         #科学计数法,小写e
>>>"{0:.2E}".format(0.618)
'6.18E-01'                         #科学计数法,大写E
>>>"{0:.2f}".format(0.618)         #浮点数的标准形式
'0.62'
>>>"{0:.2%}".format(0.618)         #百分比的形式
'61.80%'
```

下面再举几个例子。

```
>>>"{:.2f}".format(3.1415)         #输出两位小数
'3.14'
>>>"{:x}".format(26)               #输出整数26的十六进制形式
'1a'
>>>"{:.2}".format("人工智能")       #输出字符串"人工智能"的前两个汉字
'人工'
>>>"{:-^10}".format("Python")      #居中输出字符串Python,两端用字符-填充
'--Python--'
```

13.2 可迭代、迭代器与生成器

1. 可迭代

可迭代(iterable)是指一个可以被循环的对象,如字符串、列表、元组、集合、字典、文件

指针(file pointer)等。

(1) 字符串是可迭代的,举例如下。

```
>>>s ='hello'                    #字符串是一种可迭代对象
>>>for ch in s:
    print(ch, end=" ")           #在输出的每个字符后面添加一个空格
```

上述代码的输出结果:

```
h e l l o
```

(2) 列表是可迭代的,举例如下。

```
>>>for num in [1, 3, 2]:         #列表是一种可迭代对象
    print(num)
```

上述代码的输出结果:

```
1
3
2
```

2. 迭代器

将 iter()[1] 函数作用于可迭代对象,得到一个迭代器(iterator)。迭代器也是可迭代的,两者之间的关系如图 13-1 所示。迭代器有一个 __next__() 方法,通过该方法可依次访问迭代器中的每一个元素。

```
>>>lt =[1, 2, 3]                 #列表是一种可迭代对象
>>>iter_lt =iter(lt)             #迭代器 iter_lt
>>>next(iter_lt)[2]              #得到迭代器 iter_lt 的第 1 个元素
1
>>>next(iter_lt)                 #得到迭代器 iter_lt 的第 2 个元素
2
>>>next(iter_lt)                 #得到迭代器 iter_lt 的第 3 个元素
3
>>>next(iter_lt)                 #迭代器 iter_lt 已完成迭代,抛出异常
Traceback (most recent call last):
  File "<pyshell#46>", line 1, in <module>
    next(iter_lt)
StopIteration
>>>iter_lt =iter(lt)             #重新得到一个迭代器 iter_lt,从头开始循环
>>>next(iter_lt)
1
```

---

[1] iter(obj),其中 obj 是一个可迭代对象。
[2] Python 的内置函数 next(obj)在后台调用 obj 对象的 __next__()方法。

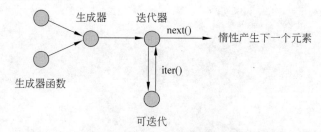

图 13-1 可迭代、迭代器与生成器三者之间的关系

可迭代对象与迭代器有什么本质区别呢？下面通过一个例子进行说明。

```
>>>lt =['one', 'two']            #可迭代对象 lt
>>>iter_lt =iter(lt)              #迭代器 iter_lt
>>>for num in iter_lt:
    print(num)
```

上述代码的输出结果：

```
one
two
>>>for num in iter_lt:
    print(num)
```

上述代码的输出结果：

```
#输出结果为空
```

在上一个 for 循环中，迭代器 iter_lt 中的元素已用完，因此输出结果为空。这说明迭代器是一次性的，而可迭代对象能执行无数次的迭代循环。

```
>>>for num in lt:                 #执行第一次迭代循环
    print(num)
```

上述代码的输出结果：

```
one
two
>>>for num in lt:                 #执行第二次迭代循环
    print(num)
```

上述代码的输出结果：

```
one
two
```

迭代器一定是可迭代的,但是可迭代对象不一定是迭代器。

```
>>>from collections import Iterable, Iterator
>>>isinstance(123, Iterable)              #整数不是可迭代的
False
>>>isinstance([1, 2, 3], Iterable)         #列表是可迭代的
True
>>>isinstance([1, 2, 3], Iterator)         #列表不是迭代器
False
>>>isinstance(iter([1, 2, 3]), Iterator)   #iter([1, 2, 3])是迭代器
True
```

自定义一个iterable类时,必须实现__iter__()方法。

```
>>>class MyIterable:
      def __iter__(self):
          pass
>>>it =MyIterable()
>>>isinstance(it, Iterable)
True
>>>isinstance(it, Iterator)
False
```

自定义一个迭代器类时,必须同时实现__iter__()方法和__next__()方法。

```
>>>class MyIterator:
      def __iter__(self):
          pass
      def __next__(self):
          pass
>>>itor =MyIterator()
>>>isinstance(itor, Iterable)
True
>>>isinstance(itor, Iterator)
True
```

Python语言的内置函数iter()和next()分别自动调用__iter__()和__next__()方法。迭代器通过__next__()方法,记住自身当前的遍历位置或状态,当它没有元素可返回时就会抛出StopIteration异常。

3. 生成器

生成器(generator)是一种特殊的迭代器。生成器有两种类型,分别是生成器表达式和生成器函数。

```
>>>lt =[1, 2, 3]
```

```
>>>gen = (each * 2 for each in lt)①
>>>type(gen)                          #生成器表达式 gen
<class 'generator'>
```

下面定义一个生成器函数 gen_func()。

```
>>>def gen_func(n):                   #参数 n 表示生成的元素总数
    i = 0
    while i < n:
        yield i                       #函数 next()得到的值来自 yield
        i += 1
>>>gen = gen_func(3)
>>>next(gen)
0
>>>next(gen)
1
>>>next(gen)
2
>>>next(gen)
Traceback (most recent call last):
  File "<pyshell#84>", line 1, in <module>
    next(gen)
StopIteration
```

与迭代器和 range()函数一样，生成器也是惰性求值的，因此它占用的内存很少，而且运行速度快。

```
>>>import sys
>>>lt = list(range(1000))
>>>lt2 = [each * 2 for each in lt]
>>>sys.getsizeof(lt2)                 #列表 lt2 占用 9024 字节内存
9024
>>>gen = (each * 2 for each in lt)
>>>sys.getsizeof(gen)                 #生成器 gen 占用 120 字节内存
120
```

读者使用 Python 语言的内置模块 time，验证生成器的访问速度比列表的访问速度快。

13.3 小结

本章讲解了几个既常用又重要的函数。充分利用这些函数能够极大地提高程序的开发和执行效率，而且使得程序更健壮。这些函数包括执行函数 exec()、过滤函数 filter()、投影

---

① 在第 4 章中提到没有元组生成式，这里给出了原因。

函数 map()、区间函数 range()、缩减函数 reduce()、组合函数 zip()、枚举函数 enumerate() 和格式函数 format()。

可迭代与迭代器是两个容易混淆的概念。前者可以被反复使用，如在循环结构中；而后者是一次性的，其中的每一个元素只能被访问一次。将 iter() 函数作用于可迭代对象得到迭代器。生成器是一种特殊的迭代器。与 range() 函数一样，生成器也是惰性求值的。生成器有两种类型：生成器表达式和生成器函数。

练习题 13

1. 举例说明集合、字典和文件指针都是可迭代对象。
2. 使用什么命令可以得到 Python 解释器的内置函数列表？
3. 写出代码 exec("a=5\nb=pow(a,2)\nprint(b)") 的执行结果。
4. 已知列表 lt = ["good", 0, None, True]，写出代码 list(filter(None, lt)) 的执行结果。
5. 使用投影函数 map()，将列表[1, 2, 3]转换为['1', '2', '3']。
6. 使用 range() 函数创建列表[10, 20, 30, 40, 50]。
7. 使用 reduce() 函数求 5 的阶乘 5!。
8. 使用 zip() 函数创建一个字典，该字典的键为列表 a = ['one', 'two']，值为列表 b = [1, 2]。
9. 已知集合 weekday = ['Mon', 'Tue', 'Wed', 'Thu', 'Fri']，使用枚举函数 enumerate() 得到如下的输出结果。

```
1 Mon
2 Tue
3 Wed
4 Thu
5 Fri
```

10. 执行代码 "{1:+^9}{0:-^9}".format('world', 'hello')，写出它的输出结果。
11. 怎样由可迭代对象得到一个迭代器？
12. 怎样由元组 tu = (1, 5, 2) 得到一个迭代器？在 for 循环中使用该迭代器，输出其所有元素。
13. 说出可迭代、迭代器与生成器三者之间的区别与联系。
14. 定义一个生成器函数 gen_fib(n)，用于生成斐波那契数列，其中 n 为该数列的项数。
15. 使用 Python 语言的内置模块 time，验证生成器的访问速度比列表的访问速度快。

提示：完善下列代码。

```
main_list =list(range(100000000))
lt =[each * * 2 for each in main_list]
gen =(each * * 2 for each in main_list)
```

第 14 章 数据分析与可视化

本章重点介绍 NumPy、SciPy、Pandas 和 Matplotlib 4 个 Python 扩展库,以及它们与 Python 之间的关系,如图 14-1 所示。NumPy 是科学计算的核心库,支持多维数组以及大型的矩阵运算。SciPy 专为科学和工程而设计,它是基于 NumPy 的,其功能包括统计、优化、整合、线性代数、傅里叶变换等。Pandas 也是基于 NumPy 的数据分析工具,它提供了快速而灵活的数据结构,如一维的 Series 和二维的 DataFrame。Matplotlib 是一款优秀的数据可视化 Python 第三方库。Matplotlib 由各种可视化类构成,其中最常用的是 matplotlib.pyplot,它是绘制各种图形的命令子库。

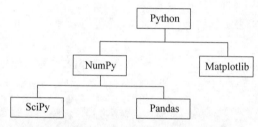

图 14-1 扩展库以及与 Python 之间的关系

教学课件

14.1 NumPy

NumPy(Numerical Python)是一个 Python 模块。它是科学计算的核心库,支持多维数组与矩阵运算,提供用于整合 C、C++ 等代码的工具,涵盖了线性代数、傅里叶变换、随机数生成等功能。NumPy 的首要目标是处理多维数组。多维数组是一个元素表,其所有元素都属于同一种数据类型,如下所示为一个 2 行 3 列的数组。

```
[[1., 0., 0.],
 [0., 1., 2.]]
```

授课视频

在 NumPy 库中,维度被称为轴。上面的数组有两个轴,第 1 个轴的长度为 2,第 2 个轴的长度为 3,因此它是一个 2 行 3 列的数组。ndarray 是 NumPy 的数组类,其别名为 array。注意,numpy.ndarray 与 Python 的标准库 array.array 不同,后者只能处理一维数组,而且提供的功能也较少。ndarray 对象的重要属性如表 14-1 所示。NumPy 的官方网址是 http://www.numpy.org/,安装命令为 pip install numpy。

表 14-1 ndarray 对象的重要属性

属　　性	说　　明
ndarray.ndim	数组的维度（轴数）
ndarray.shape	数组的形状。对于 n 行 m 列的数组，该属性的返回值为(n, m)元组
ndarray.size	数组中元素的总数
ndarray.dtype	数组中元素的数据类型。可以使用标准的 Python 类型指定 dtype，如 int。此外，NumPy 也提供了自己的类型，如 numpy.int16、numpy.float64
ndarray.itemsize	数组中每个元素所占内存的字节数。例如，float64 类型的数组，其 itemsize 等于 8(= 64/8)
ndarray.data	容纳数组元素的缓冲区。通常不需要使用此属性，只需使用索引访问数组中的元素即可，如 a[1]

```
>>>a = np.arange(6)                    #使用 arange()函数创建 1 行 6 列的数组
>>>a
array([0, 1, 2, 3, 4, 5])
>>>a = a.reshape(2, 3)                 #使用 reshape()函数改变数组的形状
>>>a                                   #数组 a 的形状为 2 行 3 列
array([[0, 1, 2],
       [3, 4, 5]])
>>>a.ndim                              #数组 a 的维度
2
>>>a.shape                             #数组 a 的形状
(2, 3)
>>>a.size                              #数组 a 中元素的总数
6
>>>a.dtype                             #数组 a 中元素的数据类型
dtype('int32')
>>>a.itemsize                          #元素所占内存的字节数
4
>>>type(a)                             #查看数组 a 的数据类型
<class 'numpy.ndarray'>
想要获取函数、类或模块的帮助信息，用 numpy.info()函数
>>>np.info(np.ndarray)                 #输出结果略
也可以使用 help()函数
>>>help(np.random)                     #输出结果略
dir()函数可以查看指定模块中包含的所有成员或支持的操作
>>>import numpy
>>>dir(numpy)                          #输出结果略
```

14.1.1 创建数组

创建 NumPy 数组的方法主要有 4 个，它们分别是 array()、arange()、linspace()和 logspace()。

```
>>>np.array([1, 2, 3])                  #将 Python 列表转换成 NumPy 数组
array([1, 2, 3])
>>>np.array((1.5, 2.0, 3.5))            #将 Python 元组转换成 NumPy 数组
array([1.5, 2. , 3.5])
>>>np.array(1, 2, 3)                    #初学者常犯的错误
>>>np.array([1, 2, 3])                  #正确
>>>np.array([(1.5, 1, 2), (2, 3, 4)])   #得到 2 行 3 列 NumPy 数组
array([[1.5, 1. , 2. ],
       [2. , 3. , 4. ]])
>>>np.array(range(1, 4))
array([1, 2, 3])
```

可以在创建数组的同时指定其元素的数据类型：

```
>>>np.array([[1, 2], [3, 4]], dtype=np.float32)
array([[1., 2.],
       [3., 4.]], dtype=float32)
```

NumPy 提供的 arange() 函数，其功能类似于 Python 内置函数 range()。

```
>>>np.arange(10, 30, 5)                 #[10, 30)内步长为 5 的等差数组
array([10, 15, 20, 25])
>>>np.arange(0, 2, 0.3)                 #参数可以是浮点数,注意与 range()用法的区别
array([0. , 0.3, 0.6, 0.9, 1.2, 1.5, 1.8])
>>>np.arange(6).reshape(3, 2)           #3 行 2 列的二维数组
array([[0, 1],
       [2, 3],
       [4, 5]])
```

使用 linspace()[①] 函数创建等差数列。

```
>>>np.linspace(0, 2, 5)                 #由[0, 2]内 5 个数构成的等差数组
array([0. , 0.5, 1. , 1.5, 2. ])
>>>from numpy import pi
>>>x = np.linspace(0, 2 * pi, 100)      #由[0,2*pi]内 100 个数构成的等差数组
>>>np.logspace(0, 1, 5)
array([ 1., 1.77827941, 3.16227766, 5.62341325, 10.])
```

上述代码最后一个数组中的 5 个数，分别是 10 的 0 次幂、0.25 次幂、0.5 次幂、0.75 次幂和 1 次幂的值。

另外，还有 3 个特殊函数 zeros()、ones() 和 empty()，它们分别生成全零数组、全 1 数组和空数组。在默认情况下，这些数组元素的数据类型是 float64。

```
>>>np.zeros((2, 3))                     #指定数组为 2 行 3 列
```

---

① 线性空间(linear space)。

```
array([[0., 0., 0.],
       [0., 0., 0.]])
```

使用 empty()函数创建一个 2 行 3 列的空数组。空数组只申请内存空间而不执行初始化操作,其元素值是不确定的。

```
>>>np.empty((2, 3))
array([[0., 0., 0.],
       [0., 0., 0.]])
```

当一个数组太大时,NumPy 会自动转入简略打印模式。

```
>>>np.arange(10000)                    #打印 1 行 10000 列的一维数组
array([0, 1, 2, ..., 9997, 9998, 9999])
```

使用 set_printoptions()函数强制 NumPy 输出整个数组,此时参数 threshold 的取值必须大于或等于 arange()函数的参数值。

```
>>>np.set_printoptions(threshold=10000)
```

恢复原来的简略打印模式,只需将参数 threshold 的值设置为小于 arange()函数的参数值即可。

14.1.2 算术运算与线性代数

数与数组、数组与数组的算术运算[①],是在元素级别上进行的。

```
>>>a =np.array([3, 4, 5])
>>>b =np.array([1, 2, 3])
>>>a - b
array([2, 2, 2])
>>>b * 2
array([2, 4, 6])
>>>a >4
array([False, False, True])
```

在 NumPy 中实现通常意义上的矩阵乘法,需要使用@运算符(Python 版本号≥3.5)或 dot()函数:

```
>>>a =np.array([[1, 1],
                [0, 1]])
>>>b =np.array([[2, 0],
                [3, 4]])
```

---

① 算术运算包括加法、减法、乘法、除法、幂等。

```
>>>a * b                                  #只是将两个数组中对应位置上的元素相乘
array([[2, 0],
       [0, 4]])
>>>a @ b                                  #通常意义上的矩阵乘法
array([[5, 4],
       [3, 4]])
>>>a.dot(b)                               #另一种实现方式
array([[5, 4],
       [3, 4]])
>>>a = np.random.random((2, 3))
>>>a
array([[0.60357717, 0.22041783, 0.17127657],
       [0.46180768, 0.28278215, 0.61171305]])
>>>a.sum()                                #求数组 a 中所有元素的和
2.3515744562184957
>>>a.max()                                #求数组 a 中所有元素的最大值
0.6117130478231819
```

在默认情况下,上述操作作用于整个数组,无须考虑数组的形状(即几行几列)。通过指定轴参数 axis 的值,使操作作用在指定的轴上。

```
>>>a=np.arange(6).reshape(3, 2)
>>>a
array([[0, 1],
       [2, 3],
       [4, 5]])
>>>a.sum(axis = 0)                        #垂直于 x 轴的方向上求元素的和
array([6, 9])
>>>a.min(axis=1)                          #垂直于 y 轴的方向上求元素的最小值
array([0, 2, 4])
>>>a.mean()                               #数组 a 中所有元素的平均值
2.5
>>>a.mean(axis=1)                         #垂直于 y 轴的方向上求数组 a 的平均值
array([0.5, 2.5, 4.5])
>>>a.std()                                #标准差(standard deviation)
1.707825127659933
>>>a.var(axis=0)                          #方差(variance)
array([2.66666667, 2.66666667])
>>>np.sort(a, axis=None)                  #先将数组 a 扁平化,然后再排序
array([0, 1, 2, 3, 4, 5])
>>>a                                      #注意数组 a 并没有改变
array([[0, 1],
       [2, 3],
       [4, 5]])
```

下面使用 randint()函数,得到[0,10]范围内 3 行 3 列的随机整数数组。

```
>>>a=np.random.randint(0, 10, size=(3, 3))
>>>a
array([[1, 4, 8],
       [5, 1, 4],
       [0, 7, 9]])
>>>a.sort()                    #原地排序(in place),数组 a 被改变
>>>a
array([[1, 4, 8],
       [1, 4, 5],
       [0, 7, 9]])
>>>a.cumsum(axis=1)            #垂直于 y 轴的方向上计算累加和
array([[ 1, 5, 13],            #累加的 cumulative
       [ 1, 5, 10],
       [ 0, 7, 16]], dtype=int32)
```

使用 average()函数纵向求二维数组 a 的加权平均。

```
>>>a=np.arange(10).reshape(2, 5)
>>>a
array([[0, 1, 2, 3, 4],
       [5, 6, 7, 8, 9]])
>>>weight=[0.3, 0.7]           #权重
>>>np.average(a, axis=0, weights=weight)
array([3.5, 4.5, 5.5, 6.5, 7.5])
>>>a
array([[1., 2.],
       [3., 4.]])
>>>a.transpose()               #矩阵的转置
array([[1., 3.],
       [2., 4.]])
>>>np.diagonal(a)              #矩阵 a 的主对角线
array([1., 4.])
>>>np.linalg.inv(a)            #矩阵 a 的逆矩阵,线性代数(linear algebra)
array([[-2., 1. ],             #相逆的(inverse)
       [ 1.5, -0.5]])
```

14.1.3 通用函数

NumPy 提供了一些常用的数学函数,如 sin、cos 和 exp,它们被称为通用函数。这些函数生成一个新数组作为输出,而操作的对象是数组中的元素而不是数组本身。

```
>>>a
array([0, 1, 2])
```

```
>>>np.exp(a)                          #求 e 的幂,指数为数组的元素
array([1., 2.71828183, 7.3890561 ])
>>>np.sqrt(a)                         #求数组 a 中元素的算术平方根
array([0., 1., 1.41421356])
>>>b =np.array([2, -1, 4])
>>>np.add(a, b)                       #求数组 a 与 b 的和
array([2, 0, 6])
>>>a =np.random.rand(2, 3)            #生成一个 2 行 3 列[0, 1)内的随机数数组
>>>a
array([[0.94201091, 0.00721442, 0.37961076],
       [0.38813665, 0.49979167, 0.33080379]])
>>>np.sin(a)
array([[0.80874248, 0.00721436, 0.37055897],
       [0.37846432, 0.4792427 , 0.32480335]])
>>>np.round(a)                        #四舍五入
array([[1., 0., 0.],
       [0., 0., 0.]])
>>>np.ceil(a)                         #上取整
array([[1., 1., 1.],
       [1., 1., 1.]])
```

Python 语言的内置模块 random 有一个 randint()函数。

```
>>>import random
>>>a =random.randint(1, 5)
```

a 的取值范围是[1, 5],即 a 可以取 1、2、3、4 和 5。
NumPy 模块也有一个 randint()函数。

```
>>>import numpy as np
>>>b =np.random.randint(1, 5)
```

b 的取值范围是[1, 5),即 b 只能取 1、2、3 和 4。读者尽可能使用 np.random.randint()函数,而不是使用 random.randint()函数,因为前者的效率更高。

函数 random.random()、np.random.random()、np.random.rand()和 np.random.randint()都能生成随机数,它们之间的区别如下。

random()是 Python 内置模块 random 的一个函数,可生成[0, 1)范围内的浮点数。

```
>>>import random
>>>random.random()
0.2611025605918177
```

函数 np.random.random()与 random.random()的功能相同。

```
>>>np.random.random()
0.24904431698439644
```

np.random.rand()函数创建指定形状的数组,并用[0,1]范围内的随机数填充该数组。

```
>>>np.random.rand(3)                      #创建1行3列的数组
array([0.31588853, 0.38363729, 0.46242064])
>>>np.random.rand(3, 2)                   #创建3行2列的数组
array([[0.83704391, 0.15624938],
       [0.83086505, 0.21730563],
       [0.55491471, 0.31926155]])
```

np.random.randint()函数返回随机整数。

```
>>>np.random.randint(2, size=3)           #由[0, 2)内的整数组成1行3列的数组
array([0, 0, 1])
>>>np.random.randint(5, size=(2,4))       #由[0, 5)内的整数组成2行4列的数组
array([[4, 3, 0, 3],
       [3, 2, 1, 4]])
>>>np.random.randint(1, [3, 5])           #1行2列的数组
array([1, 2])                             #两个元素的值分别来自[1,3)和[1,5)
>>>np.random.randint([5, 7], 10)          #1行2列的数组
array([5, 8])                             #两个元素的值分别来自[5,10)和[7,10)
```

其他常用的函数还有np.tanh()、np.random.choice()、np.cos()、np.square()、np.mean()、np.min()、np.sign()、np.log()、np.floor()、np.argmax()、np.argmin()。

14.1.4 索引、切片和迭代

类似于Python语言的序列(字符串、列表和元组),一维数组也可以被索引、切片和迭代。

```
>>>a = np.arange(5)
>>>a
array([0, 1, 2, 3, 4])
>>>a[2]
2
>>>a[2:4]
array([2, 3])
>>>a[::-1]                                #将数组a逆序输出
array([4, 3, 2, 1, 0])
>>>a                                      #数组a自身没变
array([0, 1, 2, 3, 4])
>>>for i in a:                            #迭代
    print(i ** (1/2))
0.0
1.0
```

```
1.4142135623730951
1.7320508075688772
2.0
```

多维数组的每个轴对应一个索引,这些索引之间以逗号分隔。

```
>>>a
array([[ 0,  1,  2,  3],
       [10, 11, 12, 13],
       [20, 21, 22, 23],
       [30, 31, 32, 33]])
>>>a[2, 3]                          #得到第 3 行第 4 列的元素
23
>>>a[0:4, 1]                        #得到第 2 列第 1 行至第 4 行的所有元素
array([ 1, 11, 21, 31])
>>>a[:, 1]                          #得到第 2 列的所有元素
array([ 1, 11, 21, 31])
```

假如数组 a 有两个轴,则 a[-1]等价于 a[-1, :];数组 a 有三个轴时,a[-1]等价于 a[-1, :, :],以此类推。也就是说,如果只指定前面几个轴,后面的轴不指定的话,那么切片将包含剩余轴上的所有元素,此时也可以用"..."表示剩余轴上的所有元素。

```
>>>a[-1]                            #数组 a 的最后一行
array([30, 31, 32, 33])
>>>a[-1, :]                         #等价于 a[-1]
array([30, 31, 32, 33])
>>>a[-1, ...]                       #a[-1]、a[-1, :]、a[-1, ...]三者等价
array([30, 31, 32, 33])
```

"..."具有伸缩性,它可以自动生成代码所需的任意多个冒号。假如数组 x 有 5 个轴,则
(1) x[1, 2, ...]等价于 x[1, 2, :, :, :];
(2) x[..., 3]等价于 x[:, :, :, :, 3];
(3) x[4, ..., 5, :]等价于 x[4, :, :, 5, :]。
除了通过整数或切片进行索引外,还可以使用整数数组或布尔数组进行索引。

```
>>>a = np.arange(6) ** 2
>>>a
array([0, 1, 4, 9, 16, 25], dtype=int32)
>>>i = np.array([1, 1, 5, 3])
>>>a[i]                             #数组 a 中在位置 i 处的元素
array([ 1, 1, 25, 9], dtype=int32)
>>>i = np.array([ [3, 4], [2, 3] ]) #二维的索引数组
>>>a[i]                             #数组 a[i]的形状与数组 i 的形状相同
```

```
array([[ 9, 16],
       [ 4,  9]], dtype=int32)
```

借助于布尔索引可以显式地指定数组中需要的项和不需要的项。

```
>>>a =np.arange(12).reshape(3, 4)
>>>a
array([[ 0,  1,  2,  3],
       [ 4,  5,  6,  7],
       [ 8,  9, 10, 11]])
>>>b = a > 4
>>>b                                    #布尔数组 b 与数组 a 的形状相同
array([[False, False, False, False],
       [False,  True,  True,  True],
       [ True,  True,  True,  True]])
>>>a[b]
array([ 5,  6,  7,  8,  9, 10, 11])     #返回包含选定元素的一维数组
```

布尔索引与赋值操作相结合:

```
>>>a[b] = 0
>>>a
array([[0, 1, 2, 3],
       [4, 0, 0, 0],
       [0, 0, 0, 0]])
```

使用布尔索引指定数组的维度:

```
>>>a =np.arange(12).reshape(3, 4)
>>>a
array([[ 0,  1,  2,  3],
       [ 4,  5,  6,  7],
       [ 8,  9, 10, 11]])
>>>b1 =np.array([False, True, True])
>>>a[b1]                                #选择数组的第 2 行和第 3 行
array([[ 4,  5,  6,  7],
       [ 8,  9, 10, 11]])
>>>b2 =np.array([True, False, True, False])
>>>a[:, b2]                             #选择数组的第 1 列和第 3 列
array([[ 0,  2],
       [ 4,  6],
       [ 8, 10]])
>>>a[b1, b2]                            #神奇的结果
array([ 4, 10])
```

执行迭代(iteration)操作时,默认情况下是在多维数组的第 1 个轴进行的。

```
>>>a
array([[ 0,  1,  2,  3],
       [10, 11, 12, 13],
       [20, 21, 22, 23]])
>>>for row in a:
    print(row)
```

上述代码的输出结果:

```
[0 1 2 3]
[10 11 12 13]
[20 21 22 23]
```

对数组的所有元素逐个执行某种操作时,可使用数组的 flat 属性,该属性把多维数组扁平化为一维数组。

```
>>>a
array([[0, 1, 2],
       [3, 4, 5]])
>>>for ele in a.flat:
    print(ele, end=" ")
```

上述代码的输出结果:

```
0 1 2 3 4 5
```

14.1.5 形状变换

数组的形状(shape)由各个轴以及轴上的元素个数决定。

```
>>>a =10 * np.random.random((3, 4))
>>>a =np.floor(a)                        #下取整 floor,如 5.6 下取整得到 5.0
>>>a
array([[4., 0., 0., 1.],
       [6., 1., 6., 9.],
       [4., 7., 7., 8.]])
>>>a.shape
(3, 4)
```

可以通过各种命令更改数组的形状。ravel()、reshape()以及转置(.T)都返回修改后的数组,但不改变原数组。

```
>>>a.ravel()                             #返回扁平化的数组
array([4., 0., 0., 1., 6., 1., 6., 9., 4., 7., 7., 8.])
```

```
>>>a.reshape(6, 2)                    #由 3 行 4 列变换得到一个 6 行 2 列的新数组
array([[4., 0.],
       [0., 1.],
       [6., 1.],
       [6., 9.],
       [4., 7.],
       [7., 8.]])
>>>a.T                                #转置
array([[4., 6., 4.],
       [0., 1., 7.],
       [0., 6., 7.],
       [1., 9., 8.]])
```

读者可自行验证原数组 a 没有发生改变。

resize()方法也可以更改数组的形状,不同之处是它改变数组本身。

```
>>>a
array([[4., 0., 0., 1.],
       [6., 1., 6., 9.],
       [4., 7., 7., 8.]])
>>>a.resize(2, 6)
>>>a                                  #数组 a 已发生改变
array([[4., 0., 0., 1., 6., 1.],
       [6., 9., 4., 7., 7., 8.]])
```

在进行数组的形状变换时,如果将某个维度的长度指定为-1,则系统会自动推导该维度的长度。

```
>>>a
array([[4., 0., 0., 1., 6., 1.],
       [6., 9., 4., 7., 7., 8.]])
>>>a.reshape(3, -1)                   #根据第 1 维的长度 3,推导出第 2 维的长度 4
array([[4., 0., 0., 1.],
       [6., 1., 6., 9.],
       [4., 7., 7., 8.]])
```

14.1.6 堆叠与分割

几个数组可以沿着不同的轴堆叠在一起。

```
>>>a
array([[4, 3],
       [9, 3]])
>>>b
array([[7, 0],
       [9, 5]])
```

```
>>>np.hstack((a, b))              #水平堆叠(horizontal),等价于np.c_[a, b]
array([[4, 3, 7, 0],              #列(column)
       [9, 3, 9, 5]])
>>>np.vstack((a, b))              #垂直堆叠(vertical),等价于np.r_[a, b]
array([[4, 3],                    #行(row)
       [9, 3],
       [7, 0],
       [9, 5]])
>>>np.column_stack((a, b))        #列堆叠
array([[4, 3, 7, 0],
       [9, 3, 9, 5]])
>>>a
array([4, 2])
>>>b
array([3, 8])
>>>np.hstack((a, b))
array([4, 2, 3, 8])
>>>np.vstack((a, b))
array([[4, 2],
       [3, 8]])
>>>np.column_stack((a, b))
array([[4, 3],
       [2, 8]])
```

数组能堆叠在一起,也能拆开。水平分割用 hsplit()函数;垂直分割用 vsplit()函数;既水平分割又垂直分割用 array_split()函数。

14.1.7 广播

广播(broadcasting)用于解决在不同形状的数组之间如何进行算术运算的问题。在某些约束条件下,较小的数组在较大的数组上"广播",以使它们具有兼容的形状。

```
>>>a =np.arange(3).reshape(-1, 1)
>>>a
array([[0],
       [1],
       [2]])
>>>b =np.arange(3)
>>>b
array([0, 1, 2])
>>>a +b
array([[0, 1, 2],
       [1, 2, 3],
       [2, 3, 4]])
```

上述两个数组的加法，其计算过程如下所示。

```
array([ [0+0, 0+1, 0+2]
        [1+0, 1+1, 1+2]
        [2+0, 2+1, 2+2]  ])
```

14.2　SciPy

教学课件

SciPy 是 Scientific Python 的简称，它建立在 NumPy 之上，安装之前必须先安装 NumPy。SciPy 由多个科学计算领域的模块组成，参见表 14-2。SciPy 的官方网址为 http://scipy.org，安装命令为 pip install scipy。

授课视频

表 14-2　SciPy 库包含的模块

模　块	功　能	模　块	功　能
cluster	聚类	odr	正交距离回归
constants	数学和物理学常数	optimize	优化和根查找
fftpack	傅里叶变换	singal	信号处理
integrate	积分与常微分方程	sparse	稀疏矩阵
interpolate	插值和平滑	spatial	空间数据结构和算法
io	输入/输出	special	特殊函数
linalg	线性代数	stats	统计学
ndimage	多维图像处理		

stats.mode() 函数返回模态值[①]数组。如果有多个这样的值，则只返回一个。

```
>>>from scipy import stats
>>>a
array([[6, 8, 3, 0],
       [1, 2, 3, 1],
       [1, 2, 0, 0]])
>>>stats.mode(a)
ModeResult(mode=array([[1, 2, 3, 0]]), count=array([[2, 2, 2, 2]]))
```

使用 stats.norm 绘制概率密度函数。

```
from scipy.stats import norm
import matplotlib.pyplot as plt         #为 matplotlib.pyplot 起别名 plt
```

---

① 模态值就是最常见的值。

```
x = np.linspace(-5, 5, 200)
y = norm.pdf①(x, loc=0, scale=2)        #均值 loc,标准差 scale
plt.plot(x, y)
plt.show()
```

上述代码的执行结果,如图 14-2 所示。

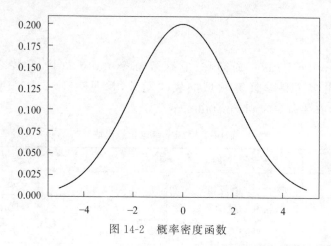

图 14-2　概率密度函数

稀疏矩阵中 0 元素的数量远多于非 0 元素的数量,并且非 0 元素的分布没有规律性。可以使用 coo_matrix() 函数创建稀疏矩阵。

```
from scipy.sparse import *
#利用一个已有的列表创建矩阵
m = coo_matrix([[1, 2, 0], [0, 0, 3], [4, 0, 5]])
print(m)
```

上述代码的输出结果:

```
(0, 0)    1                              #元素 1 的坐标为(0, 0)
(0, 1)    2
(1, 2)    3
(2, 0)    4
(2, 2)    5                              #元素 5 的坐标为(2, 2)
```

可将稀疏矩阵以普通矩阵的形式输出。

```
d = m.todense()
print(d)
```

上述代码的输出结果:

---

① 概率密度函数 pdf(probability density function)。

```
[[1 2 0]
 [0 0 3]
 [4 0 5]]
```

14.3 Pandas

Pandas 是基于 NumPy 的数据分析工具,官方网址为 http://pandas.org,安装命令为 pip install pandas。Pandas 提供了快速而灵活的数据结构,用于对噪音等数据进行清洗,从而便于后续的机器学习和数据分析。Pandas 拥有 Series 和 DataFrame 两种重要的数据结构,如表 14-3 所示。

教学课件

授课视频

表 14-3　Pandas 的两种数据结构

名称	维度	说　　明
Series	一维	带有标签的同构数据类型组成的一维数组。与 list 和 numpy.array 类似,但是 list 中的元素可以是不同的数据类型,而 array 与 Series 只允许存储相同的数据类型
DataFrame	二维	带有标签的异构数据类型组成的二维数组

14.3.1　Series

1. 创建 Series

创建 Series 的基本语法格式如下。

```
pandas.Series(data=None,index=None,name=None)
```

参数说明如下。
- data:接收 array 或 dict,表示输入数据;
- index:接收 array 或 list,表示索引,必须与数据长度相同;
- name:接收 string,表示 Series 对象的名称。

(1) 参数 data 是 NumPy 数组。

```
import pandas as pd
s =pd.Series(np.arange(3), index=['a', 'b', 'c'], name='ndarray')
print(s)
```

上述代码的输出结果:

```
a    0
b    1
c    2
Name: ndarray, dtype: int32
```

(2) 参数 data 是字典。

```
dt ={'b':3, 'a':1, 'c':2}
s =pd.Series(dt)                    #字典的键作为 Series 的索引
print(s)                            #字典的值作为 Series 的值
```

上述代码的输出结果：

```
b    3
a    1
c    2
dtype: int64
```

(3) 参数 data 是列表。

```
lt =[2, 1, 4]
s =pd.Series(lt, index=['b', 'c', 'a'], name='list')
print(s)
```

上述代码的输出结果：

```
b    2
c    1
a    4
Name: list, dtype: int64
```

2. Series 属性

```
print("values:", s.values)          #输出序列的值
print("index:", s.index)            #输出序列的索引
print("dtype:", s.dtype)            #输出序列元素的数据类型
print("shape:", s.shape)            #输出序列的形状
print("nbytes:", s.nbytes)          #输出序列所占的内存空间①
print("ndim:", s.ndim)              #输出序列的维数
print("size:", s.size)              #输出序列元素的总数
```

3. 访问 Series 中的元素

```
s =pd.Series([1, 5, 3], index=['c', 'd', 'e'])
print(s[1])                         #通过下标访问,输出 5
print(s['e'])                       #通过索引访问,输出 3
```

4. Series 的追加操作

```
lt =[3, 1, 2]
```

---

① 一个元素占 64 / 8 = 8(字节)，而序列中一共有 3 个元素,因此序列所占的内存空间为 3 * 8 = 24(字节)。

```
s1 =pd.Series(lt, index =['b', 'c', 'a'], name ='list')
print("s1: \n{}\n".format(s1))
```

上述代码的输出结果：

```
s1:
b    3
c    1
a    2
Name: list, dtype: int64

s2 =pd.Series([4, 1], index =['e', 'd'])
print('将 s2 追加到 s1 后: \n{}\n'.format(s1.append(s2)))
```

将 s2 追加到 s1 后，上述代码的输出结果：

```
b    3
c    1
a    2
e    4
d    1
dtype: int64
```

注意：原序列 s1 不变，读者可自行验证。

5. 删除 Series 中的元素，使用 drop()方法

```
lt =[3, 1, 2]
s1 =pd.Series(lt, index =['b', 'c', 'a'], name ='list')
print("s1: \n{}\n".format(s1))
s1.drop('c', inplace=True)            #原地删除
print("删除索引 c 对应的数据后: \n{}\n ".format(s1))
```

上述代码的输出结果：

```
s1:
b    3
c    1
a    2
Name: list, dtype: int64
```

删除索引 c 对应的数据后：

```
b    3
a    2
Name: list, dtype: int64
```

6. 修改 Series 中元素的值

```
s = pd.Series([1, 5, 3], index=['c', 'd', 'e'])
s['e'] = 4
```

序列 s 修改前的值：

```
c    1
d    5
e    3
dtype: int64
```

序列 s 修改后的值：

```
c    1
d    5
e    4
dtype: int64
```

14.3.2 DataFrame

DataFrame 类似于数据库中的表，它既有行索引，又有列索引。DataFrame 可以看作是 Series 组成的字典，每个 Series 是 DataFrame 的一行。

1. 创建 DataFrame

DataFrame()函数用于创建 DataFrame 对象，其基本语法格式如下。

```
pandas.DataFrame(data=None, index=None, columns=None, dtype=None, copy=False)
```

参数说明如下：
- data：接收 ndarray、dict、list 等，表示输入数据；
- index：接收 ndarray 等，表示行索引；
- columns：接收 ndarray 等，表示列标签(列名)。

(1) 通过字典创建 DataFrame。

```
import pandas as pd
dt = {'col1': [0, 1, 5], 'col2': [3, 6, 7]}
print(pd.DataFrame(dt, index = ['b', 'c', 'a']))
```

上述代码的输出结果：

```
   col1  col2
b    0    3
c    1    6
a    5    7
```

(2) 通过列表创建 DataFrame。

```
import pandas as pd
lt = [[0, 3], [1, 6], [5, 7]]
print(pd.DataFrame(lt, index = ['b', 'c', 'a'], columns = ['col1', 'col2']))
```

上述代码的输出结果：与上一个例子相同。

(3) 通过 Series 创建 DataFrame。

```
import pandas as pd
s1 = pd.Series(["b", "a", "c"], index=[1, 5, 3])
s2 = pd.Series(["Mon", "Tue", "Wed"], index=[1, 5, 3])
df = pd.DataFrame([s1, s2])
print(df)
```

上述代码的输出结果：

```
     1    5    3
0    b    a    c
1  Mon  Tue  Wed
```

2. DataFrame 的属性

DataFrame 常用的属性有 values、index、columns、dtypes、axes、ndim、size 和 shape。

```
import pandas as pd
df = pd.DataFrame({'col1': [0, 1, 5], 'col2': [5, 6, 7]}, index=['a', 'b', 'c'])
print(df)
print('行标签:', df.index)
print('列标签:', df.columns)
print('维度:', df.ndim)
print('形状:', df.shape)
```

上述代码的输出结果：

```
   col1  col2
a     0     5
b     1     6
c     5     7
行标签: Index(['a', 'b', 'c'], dtype='object')
列标签: Index(['col1', 'col2'], dtype='object')
维度: 2
形状: (3, 2)
```

3. 访问 DataFrame

head() 和 tail() 方法分别用于访问 DataFrame 前 n 行和后 n 行数据，n 默认值为 5。

```
import pandas as pd
df = pd.DataFrame({'col1': [0, 1, 5], 'col2': [5, 6, 7]}, index=['a', 'b', 'c'])
print(df)
print(df.head(2))        #前 2 行
print(df.tail(2))        #最后 2 行
```

上述代码中 3 个 print() 函数的输出结果如下所示，从左往右依次排列。

```
    col1 col2              col1 col2              col1 col2
a    0    5           a     0    5           b     1    6
b    1    6           b     1    6           c     5    7
c    5    7
```

4. 更新、插入和删除 DataFrame

```
import pandas as pd
df =pd.DataFrame({'col1':[0, 1, 5], 'col2':[5, 6, 7]}, index =['a', 'b', 'c'])
print(df)
df['col1'] =[10, 11, 15]                    #更新 col1 列
print(df)
```

上述代码中 2 个 print() 函数的输出结果如下所示,从左往右依次排列。

```
    col1 col2              col1 col2
a    0    5           a    10    5
b    1    6           b    11    6
c    5    7           c    15    7
```

采用赋值的方法插入新列。

```
import pandas as pd
df =pd.DataFrame({"Note":["b", "c", "a"], "Weekday":["Mon", "Tue", "Wed"]})
print(df)
df["No."] =pd.Series([1, 5, 3])
print(df)
```

上述代码中 2 个 print() 函数的输出结果如下所示,从左往右依次排列。

```
   Note Weekday           Note Weekday No.
0   b    Mon         0     b    Mon     1
1   c    Tue         1     c    Tue     5
2   a    Wed         2     a    Wed     3
```

删除列有 3 种方法,分别是 del、pop()、drop()。其中,drop()方法在默认情况下不是原地删除,即参数 inplace=False。

```
del df["Weekday"]
df.pop("Weekday")
df.drop(['Weekday'], axis=1, inplace=True)
df.drop(columns=["Weekday"], inplace=True)
```

上述 4 个语句的执行效果是相同的。删除 Weekday 列后,数据框架 df 如下所示。

```
   Note No.
0   b    1
```

```
1  c  5
2  a  3
```

另外，Pandas 允许导入和导出各种文件类型的数据，如 CSV[①]、JSON[②]、Excel、TXT。读取文件的一般语法：

```
pd.read_<type>()
```

如读取 csv 文件的方法为 pd.read_csv()。
写文件的一般语法：

```
pd.to_<type>()
```

如写 csv 文件的方法为 pd.to_csv()。

14.4 Matplotlib

Matplotlib 是一款优秀的数据可视化 Python 第三方库，其官方网站为 https://matplotlib.org/，安装命令为 pip install matplotlib。Matplotlib 能够绘制的各种图形参见网站 https://matplotlib.org/gallery.html。Matplotlib 能绘制静态图形、动态图形，甚至能进行交互式可视化，限于篇幅本书只讲述静态图形的绘制。Matplotlib 由各种可视化类构成，其中最常用的是 matplotlib.pyplot，它是绘制各种图形的命令子库。使用下列命令导入 pyplot 库。

授课视频

教学课件

```
>>>import matplotlib.pyplot as plt       #为 matplotlib.pyplot 起别名 plt
```

下列代码用于绘制一条直线，如图 14-3 所示。

```
>>>plt.plot([2, 4])
>>>plt.show()                            #显示图形
```

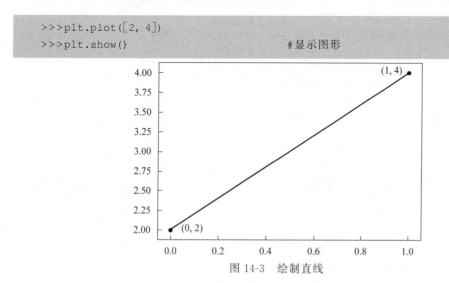

图 14-3　绘制直线

---

① CSV=Comma-Separated Values，逗号分隔值。
② JSON=Java Script Object Notation，JS 对象简谱是一种轻量级的数据交换格式。

在上述代码中，plot()函数只有一个参数，因此它将数组[2,4]作为 Y 轴，而将该数组的索引[0,1]作为 X 轴绘制一条直线。可使用 savefig()函数将显示的图形存储为文件，文件的默认格式为 PNG。通过参数 dpi[①] 修改图形的输出质量：

```
plt.savefig("文件名", dpi=600)           #通常 dpi 的取值越大,相应的图形质量越高
```

pyplot 子库中提供的绘图函数，如表 14-4 所示。

表 14-4　pyplot 提供的绘图函数

函　　数	说　　明
bar(x, height, width=0.8)	绘制条形图(bar)
barh(y, width, height=0.8, align='center')	绘制水平条形图(horizontal bar)
boxplot(x)	绘制箱形图(boxplot)
cohere(x, y, NFFT=256, Fs=2, Fc=0)	绘制 X 和 Y 相干性图(coherence)
contour([x, y,] z, [levels])	绘制等高线图(contour)
hist(x)	绘制直方图(histogram)
pie(x)	绘制饼图(pie)
plot(x, y, …)	绘制线图
plot_date(x, y)	绘制包含日期的图形
polar(theta, r)	绘制极坐标图
psd(x)	绘制功率谱密度图(power spectral density)
scatter(x, y)	绘制散点图(scatter)
specgram(x)	绘制光谱图(spectrogram)
stem([x,] y)	绘制火柴图
step(x, y, [fmt])	绘制台阶图
vlines(x, ymin, ymax)	绘制垂线图

14.4.1　绘制曲线

绘制曲线使用函数 plot()。

```
>>>plt.plot([1, 2, 4], [3, 6, 7])        #以[1, 2, 4]为 X 轴,[3, 6, 7]为 Y 轴
```

上述代码绘制一条经过(1,3)、(2,6)和(4,7)三个点的折线，如图 14-4 所示。
plot()函数的基本语法格式为

[①]　DPI=Dots Per Inch，每英寸点数。

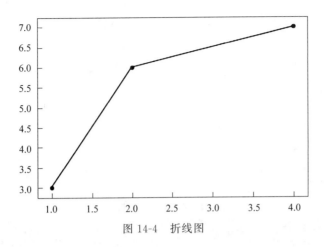

图 14-4　折线图

```
plot(x, y, format_string, **kwargs①)
```

其中，x 为列表或元组，X 轴上的数据，可选参数；y 为列表或元组，Y 轴上的数据，必选参数；format_string 为格式字符串，默认值"b-"，一条蓝色实线，可选参数；**kwargs 为 2 组或更多组参数(x, y, format_string)。

下列代码在一个 plot()函数中绘制了 4 条直线，如图 14-5 所示。

```
a = np.arange(5)
plt.plot(a, a*2, a, a*4, a, a*6, a, a*8)
plt.show()
```

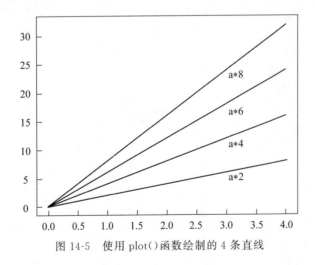

图 14-5　使用 plot()函数绘制的 4 条直线

格式字符串 format_string 由颜色字符、标记字符和样式字符 3 部分组成。颜色字符的取值参见表 14-5；标记字符的取值参见表 14-6，显示效果参见图 14-6；样式字符的取值参见

---

① kwargs 代表关键字参数(keyword arguments)。

表 14-7。颜色字符、标记字符和样式字符三者可以任意搭配使用。

表 14-5 颜色字符

颜色字符	说明	颜色字符	说明
b	蓝色(blue)	m	洋红色(magenta)
g	绿色(green)	y	黄色(yellow)
r	红色(red)	k	黑色(black)
c	青绿色(cyan)	w	白色(white)

表 14-6 标记字符

标记字符	说明	标记字符	说明	标记字符	说明
'.'	点标记	'2'	上花三角	'+'	加号标记
','	像素标记	'3'	左花三角	'x'	×标记
'o'	圆圈	'4'	右花三角	'D'	菱形(diamond)
'v'	倒三角	's'	正方形(square)	'd'	瘦菱形
'^'	上三角	'p'	五角形(pentagon)	'|'	垂线标记
'<'	左三角	'*'	星形	'_'	横线标记①
'>'	右三角	'h'	竖六边形(hexagon)		
'1'	下花三角	'H'	横六边形		

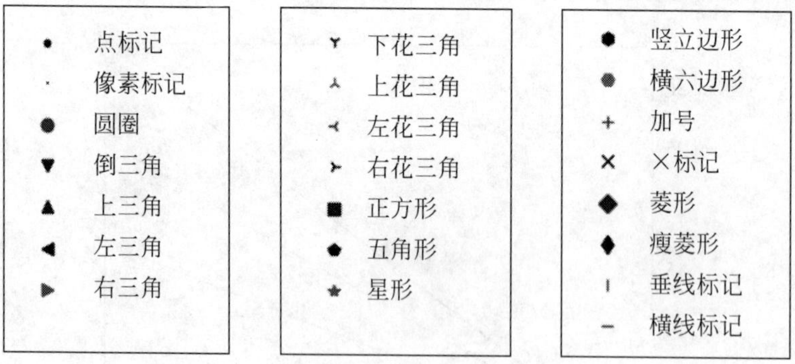

图 14-6 标记字符

表 14-7 样式字符

样式字符	-	--	-.	:	" "②
说明	实线	双横线	点横线	虚线	无线段

下面演示样式字符的使用,效果如图 14-7 所示。

---

① 横线标记是一个下划线"_",而不是连字符"-"。
② 此处英文单引号或双引号里面是空或者空格,都可以。

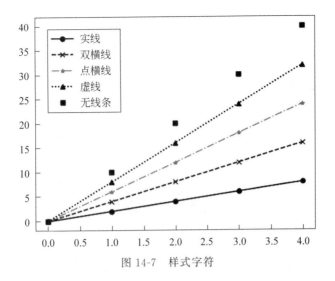

图 14-7 样式字符

```
a =np.arange(5)
plt.plot(a, a * 2, 'go-')            #绿色、圆圈标记、实线
plt.plot(a, a * 4, 'rx--')           #红色、x 标记、双横线
plt.plot(a, a * 6, 'y*-.')           #黄色、星形标记、点横线
plt.plot(a, a * 8, 'b^:')            #蓝色、上三角标记、虚线
plt.plot(a, a * 10, 'ms')            #洋红色、正方形标记,无线段
plt.show()
```

程序源码

很多时候用户希望能绘制各式各样的线,应该怎样设置线的属性呢?

第 1 种方法:使用关键字参数。

```
plt.plot(x, y, linewidth=2.5)        #linewidth 是关键字参数
```

第 2 种方法:使用 Line2D 实例的设置器(setter),如 set_marker(),set_linewidth()。

第 3 种方法:使用 setp()方法。

有兴趣的读者可自行查阅资料,学习使用第 2 种和第 3 种方法。

14.4.2 中文字体

Matplotlib 在默认情况下并不支持中文。使用中文字体的方法有两种。

第 1 种方法:直接修改 Matplotlib 的全局变量 rcParams[1]。

```
from matplotlib import rcParams              #导入 rcParams
rcParams["font.family"] ="SimHei"            #设置中文字体为黑体 SimHei
>>>rcParams['font.size'] =14                 #设置字号为 14 磅
>>>rcParams['font.style'] ='italic'          #设置字体风格为斜体
```

---

[1] rcParams 运行时配置参数(runtime configuration parameters)。

rcParams 字典中包含的、与字体有关的属性如表 14-8 所示；常用的中文字体如表 14-9 所示。另外，表 14-10 给出了中英文字号(磅)对照表。

表 14-8 字典 rcParams 中与字体有关的属性

属 性	说 明
font.family	字体名称
font.style	字体风格，取值为 normal(正常)或者 italic(斜体)
font.size	字号，取值为整数

表 14-9 常用的中文字体

中文字体	SimHei	Kaiti	LiSu	FangSong	YouYuan	STSong
说 明	黑体	楷体	隶书	仿宋	幼圆	华文宋体

表 14-10 中英文字号(磅)对照表

中文字号	小五	五号	小四	四号	小三	三号	小二	二号
英文字号(磅)	9	10.5	12	14	15	16	18	22

第 2 种方法：使用参数 fontproperties 指定中文字体，如设置 X 轴标签的函数 xlabel()，示例代码如下所示。

```
a = np.arange(0, 4, 0.01)
#设置 X 轴的标签,字体为楷体 Kaiti,字号为 14 磅
plt.xlabel("横轴(时间)", fontproperties="Kaiti", fontsize=14)
#设置 Y 轴的标签,字体为楷体 Kaiti,字号为 14 磅
plt.ylabel("纵轴(振幅)", fontproperties="Kaiti", fontsize=14)
plt.plot(a, np.cos(2 * np.pi * a), "b--")            #蓝色虚线
plt.show()
```

上述代码的执行结果如图 14-8 所示。

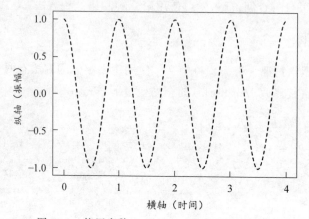

图 14-8 使用参数 fontproperties 指定中文字体

虽然使用第 1 种方法很方便,但是在绘制的图形中只能使用一种字体。

14.4.3 输出文本

在绘制的图形中输出文本,可以使用 pyplot 中的文本显示函数,如表 14-11 所示。执行下列代码在坐标(3,2)处输出文字"Hello"。为了便于看清点的位置,可使用命令 plt.grid(True)在图形中显示网格线。

```
>>>plt.text(3, 2, "Hello")              #在坐标(3, 2)处输出文字 Hello
```

表 14-11 文本显示函数

函　　数	说　　明
xlabel()	设置 X 轴的标签
ylabel()	设置 Y 轴的标签
xticks()	设置 X 轴的刻度位置及标签
yticks()	设置 Y 轴的刻度位置及标签
title()	设置图标题
legend()	显示图例
suptitle()	设置多个子图的图标题
text()	在图形的任意位置添加文本
annotate()	在图形的任意位置添加带箭头的说明文字

在 Matplotlib 中可以使用 Tex[①] 表达式。假如想在图的标题中输出 $\sigma_i = 1$,那么将 Tex 表达式放在符号＄＄之间即可。

```
plt.title(r"$\sigma_i=1$")              #注意添加 r 修饰符
```

下面给出一个示例。

程序源码

```
rcParams['font.family']='LiSu'          #字体为隶书
rcParams['font.size']=14                #字号为 14 磅
#正常显示图形中的负号,如-1
plt.rcParams['axes.unicode_minus']=False
t =np.arange(0, 5, 0.01)
plt.plot(t, np.cos(2 * np.pi * t), 'b--')#蓝色双横线
plt.annotate('局部极大值', xy = (2, 1), xytext = (3, 1.5), arrowprops = dict
(facecolor='black', shrink=0.1))
plt.axis([-1, 6, -2, 2])                #设置 X 和 Y 轴的取值为[-1, 6]和[-2, 2]
plt.xlabel("横轴(时间)", color="blue")
```

[①] 网址 www.ctex.org。

```
plt.ylabel("纵轴(振幅)", color="blue")
#图标题为楷体,字号为20磅
plt.title("余弦$y=cos(2\pi t)$", fontproperties="Kaiti", fontsize=20)
plt.grid(True)                                              #显示网格线
plt.show()
```

上述代码的输出结果如图 14-9 所示。注意在图 14-9 中特意使用了两种中文字体,即隶书和楷体。

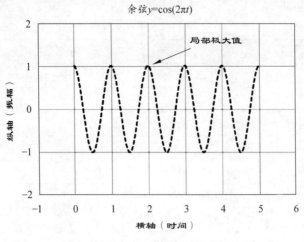

图 14-9 余弦波形

各种文本属性的设置除了使用关键字参数,还可以使用设置器(setter),如表 14-12 所示。输出图形时如果不想显示坐标轴,则执行命令 plt.axis('off')。

表 14-12 文本属性设置器

设 置 器	功 能
set_xticks()	设置 X 轴的刻度
set_yticks()	设置 Y 轴的刻度
set_xticklabels()	设置 X 轴的刻度标签
set_yticklabels()	设置 Y 轴的刻度标签
set_xlim()	设置 X 轴的跨度
set_ylim()	设置 Y 轴的跨度

下面通过一个例子,演示各种文本设置器的使用。

```
rcParams['font.size']=14
rcParams['font.family']='Kaiti'
#用来正常显示图形中的负号,如-1
plt.rcParams['axes.unicode_minus']=False
```

```python
x = np.arange(0, 2 * np.pi, 0.05)
fig = plt.figure()
#在图形 fig 中添加坐标轴,其左下角位于点(0, 0),长和宽各占绘图窗口的 80%
ax = fig.add_axes([0, 0, 0.8, 0.8])
ax.plot(x, np.cos(x), '--')
ax.set_xlabel('角度')                     #设置 X 轴的标签
ax.set_title('余弦曲线')                   #设置图标题
ax.set_xticks([0, 2, 4, 6])               #设置 X 轴的刻度
#修改 X 轴的刻度标签,否则为 0、2、4、6
ax.set_xticklabels(['zero', 'two', 'four', 'six'])
ax.set_yticks([-1, 0, 1])                 #设置 Y 轴的刻度
plt.show()
```

上述代码的输出结果,如图 14-10 所示。

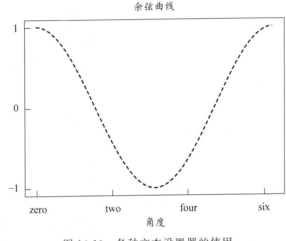

图 14-10　各种文本设置器的使用

14.4.4　绘制子图

每调用 figure()函数一次就会创建一个图形。figure()函数的参数是图序号。在绘图过程中,figure()函数是可选的,在默认情况下系统会自动创建一个图形,即自动执行函数 plt.figure(1)。一个图形还可以包含多个子图。创建子图使用 subplot()函数,该函数的基本语法如下所示。

```
plt.subplot(num_rows, num_cols, plot_number)
```

该函数的功能为创建 num_rows 行、num_cols 列个子图,即创建 num_rows * num_cols 个子图,当前正在绘制的子图是第 plot_number 个。显然,参数 plot_number 的取值范围是[1, num_rows * num_cols]。如果 num_rows * num_cols < 10,则 subplot()函数中的两个逗号可以省略,因而子图(211)与子图(2, 1, 1)是等价的。

下面给出一个关于子图的例子。

```python
def f(t):
    return np.exp(-t) * np.cos(2 * np.pi * t)
n = np.arange(0, 5, 0.02)
plt.figure()                              #等价于 plt.figure(1)
plt.subplot(2, 1, 1)
plt.plot(n, np.cos(2 * np.pi * n), 'b-')
plt.subplot(2, 1, 2)
plt.plot(n, f(n), 'r--')

plt.show()
```

上述代码的输出结果如图 14-11 所示。

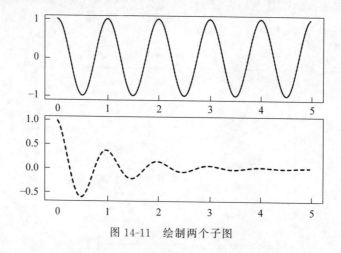

图 14-11　绘制两个子图

创建跨越多个行列的子图,如图 14-12 所示,需要使用 matplotlib.gridspec 命名空间中的 GridSpec 类或 plt.subplot2grid() 函数。限于篇幅,本书不对它们进行讲解。

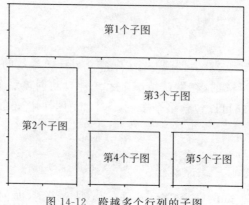

图 14-12　跨越多个行列的子图

14.4.5　饼图、散点图和直方图

本节对饼图(pie)、散点图(scatter)和直方图(histogram)进行简单的讲解。首先学习绘

制饼图。

程序源码

```
rcParams['font.family']='YouYuan'      #使用中文字体幼圆
rcParams['font.size']=14               #字号14磅
labels ="工人","农民","知识分子","其他阶层"  #楔块的标签
sizes =[30, 45, 15, 10]                #楔块的占比
explode =[0, 0, 0.1, 0]                #楔块向外伸出的比例(半径的百分比)
plt.pie(sizes, explode=explode, labels=labels, autopct="%1.1f%%", shadow=False, startangle=90)
plt.show()
```

上述代码的输出结果，如图14-13所示。shadow表示阴影，取值为False。注意在Python语言中输入两个％字符才能输出一个％符号。％1.1f是输出格式字符串，输出带有1位小数的浮点数。

绘制简单的散点图可使用plot()函数，点与点之间不用线段连接即可，示例代码如下所示。

```
rcParams['font.family']='STSong'       #华文宋体
rcParams['font.size']=14               #字号14磅
fig, ax =plt.subplots()                #图形fig，对应的坐标轴ax
#返回符合标准正态分布N(0,1)的样本，该样本由100个数据点组成
x =np.random.randn(100)
y =np.random.randn(100)
ax.plot(10*x, 10*y, 'o')               #数据点以实心圆表示
ax.set_title("简单的散点图")

plt.show()
```

上述代码的输出结果，如图14-14所示。

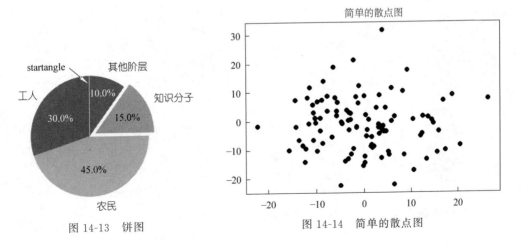

图14-13 饼图　　　　　图14-14 简单的散点图

绘制复杂的散点图需要使用scatter()函数，示例代码如下所示。

```
np.random.seed(42)                    #指定随机数种子,以便可重现随机数序列
N = 50
x = np.random.rand(N)                 #产生50个[0, 1)范围内的随机数
y = np.random.rand(N)
colors = np.random.rand(N)
area = 100 * np.random.rand(N)
#数据点的尺寸s,颜色c,透明度alpha,0代表透明,1代表不透明
plt.scatter(x, y, s=area, c=colors, alpha=0.5)
plt.title("Scatter Plot")             #图标题
plt.show()
```

上述代码的输出结果如图14-15所示。图形中一共绘制了50个数据点,每个数据点的颜色是随机的[①]。

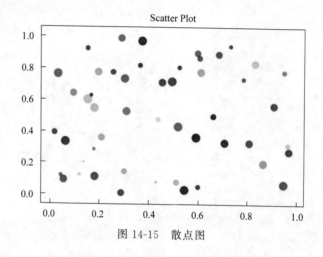

图14-15　散点图

下面学习绘制直方图,示例代码如下所示。

```
rcParams['font.family'] = 'YouYuan'           #幼圆字体
rcParams['font.size'] = 14                    #字号14磅
np.random.seed(42)                            #指定随机数种子,以便可重现随机数序列
mu, sigma = 100, 20                           #正态分布的均值100,标准差20
#从正态分布中随机抽取100个样本点
a = np.random.normal(mu, sigma, size=100)
#将数组a中的数据放入20个箱子,直方图类型histtype,直方图颜色facecolor
plt.hist(a, 20, histtype='stepfilled', facecolor='b')
plt.title('直方图')
plt.show()
```

上述代码的输出结果,如图14-16所示。

[①] 如果一个数据点的颜色值是0.35,那么系统将该数据点颜色的RGB值都设置为0.35。

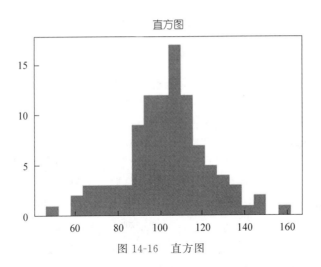

图 14-16 直方图

14.5 小结

本章重点介绍了 NumPy、SciPy、Pandas 和 Matplotlib 4 个 Python 扩展库。NumPy 是科学计算的核心库,SciPy 和 Pandas 都以 NumPy 为基础。Matplotlib 是一款优秀的数据可视化 Python 扩展库,能够绘制 2D 和 3D 图形,甚至能进行交互式可视化。

创建 NumPy 数组常用的方法有 4 种,它们分别是 array()、arange()、linspace() 和 logspace()。NumPy 提供的常用函数有很多,如 np.sin()、np.random.rand()。SciPy 由多个科学计算领域的模块组成,如优化 optimize 和插值 interpolate。Pandas 提供了两个重要的数据结构 Series 和 DataFrame。

练习题 14

1. 写出 np.sign(-5)的值。
2. 怎样查看数组 a 的形状?
3. 已知数组 a,怎样将其列数修改为 3 列?
4. 定义一个 2 行 3 列的全零数组 a。
5. 将 Python 元组 tu = (1,5,2)转换为 NumPy 数组。
6. 创建[0,1]范围内由 100 个数据组成的等差数组。
7. 使用 np.argmax()函数,输出数组 a = [1,5,7,4,2]中值最大的元素下标。
8. 数组 a = np.arange(10,30,5)中元素的总数是多少? 写出这些元素的值。
9. 已知数组 a = np.arange(6).reshape(3,2),求 np.mean(a, axis=1)的值。
10. 已知数组 a = np.random.randint(0,10, size=(3,3)),写出 a 的值。
11. 已知数组 a 和 b,试用两种方式分别实现通常意义上(线性代数)的矩阵乘法。
12. 已知数组 a = np.arange(5),写出 a[-1]的值。
13. 已知二维数组 a = np.array([[1,5,2],[2,4,3],[0,2,1]]),写出 a[:,1]的值。

14. 已知数组 a = np.array([1,5,2]), b = np.array([2,4,1]),以 a 和 b 为列创建一个新数组 c。
15. 在 SciPy 库中,创建稀疏矩阵使用什么函数?
16. 将稀疏矩阵以普通矩阵的形式输出,需要使用什么函数?
17. 写出 Pandas 库中两种最重要的数据结构。
18. 将字典 dt = {'b':3, 'a':1, 'c':2}转换为 Series。
19. 将 NumPy 数组 a = [1, 5, 2]转换为 Series,其索引为['a', 'b', 'c']。
20. 使用字典 dt = {'col1': [0, 1, 5], 'col2': [3, 6, 7]}创建数据框架 df,并输出 df 的值。
21. 已知数据框架 df,查看它的形状。
22. 已知数据框架 df,原地删除它的 weekday 列。
23. 已知数组 x = [[1, 1.2], [1, 1.2]],写出 x.ravel()的值。
24. 完善下列程序代码,其执行结果如图 14-17 所示。

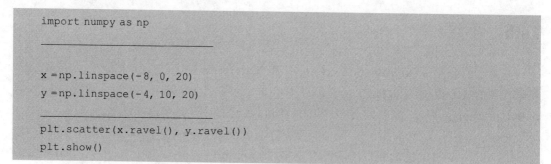

```
import numpy as np
_____

x = np.linspace(-8, 0, 20)
y = np.linspace(-4, 10, 20)
_____
plt.scatter(x.ravel(), y.ravel())
plt.show()
```

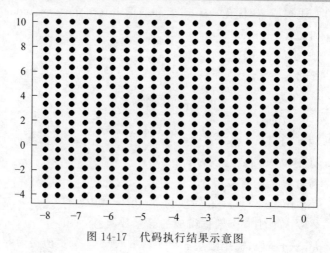

图 14-17 代码执行结果示意图

参 考 文 献

[1] 王辉,于洋,等. Python 程序设计教程[M]. 北京:清华大学出版社,2021.
[2] 樊磊. Python 语言编程[M]. 北京:清华大学出版社,2020.
[3] 董付国. Python 可以这样学[M]. 北京:清华大学出版社,2017.
[4] 昊天等. Python 语言程序设计[M]. 北京:高等教育出版社,2018.
[5] 杨佩璐,宋强,等. Python 宝典[M]. 北京:电子工业出版社,2014.
[6] 黄天羽,李芬芬. 高教版 Python 语言程序设计冲刺试卷(含线上题库)[M]. 2 版. 北京:高等教育出版社,2018.

图书资源支持

感谢您一直以来对清华版图书的支持和爱护。为了配合本书的使用,本书提供配套的资源,有需求的读者请扫描下方的"书圈"微信公众号二维码,在图书专区下载,也可以拨打电话或发送电子邮件咨询。

如果您在使用本书的过程中遇到了什么问题,或者有相关图书出版计划,也请您发邮件告诉我们,以便我们更好地为您服务。

我们的联系方式:

清华大学出版社计算机与信息分社网站:https://www.shuimushuhui.com/

地　　址:北京市海淀区双清路学研大厦 A 座 714

邮　　编:100084

电　　话:010-83470236　010-83470237

客服邮箱:2301891038@qq.com

QQ:2301891038(请写明您的单位和姓名)

资源下载:关注公众号"书圈"下载配套资源。

书 圈

清华计算机学堂

观看课程直播